U0147063

用豆漿取代牛奶

幸福手感
20分鐘完成的健康甜點

前言

甜點之門

小學三年級時，我看著繪本有樣學樣地烤了人生第一分鬆餅。雖然外觀不好看，但我那飢腸轆轆的妹妹，還是非常高興地説：「真好吃！」從那天開始，我便全心投入製作甜點。
把拉麵的碗公當作攪拌碗、用橡皮筋綑成一束的筷子當攪拌器，不論餅乾還是蛋糕，都是用平底鍋煎烤。一直到小學六年級，我掏出過年的紅包，買了一個小小的紅色烤箱。在秋葉原返家的電車上，抱著膝蓋上的烤箱一路晃了兩小時，小腦袋在一片混亂中不斷想著：「買這種東西回家，我的未來究竟是怎麼了啊」。
從那時開始，我的「甜點之門」就已經開啟。

本書的甜點主要材料為粉類、豆漿、植物油、甜味劑。
光是這幾樣材料，只要調配分量有些許差異、製作工法稍有不同，就分別會出現餅乾、蛋糕等不同結果。
本書材料表中所使用的麵粉主要為低筋麵粉，除此之外還可以用葛粉來取代太白粉、楓糖取代甜菜糖，甜度跟油的分量都可以自由調整。

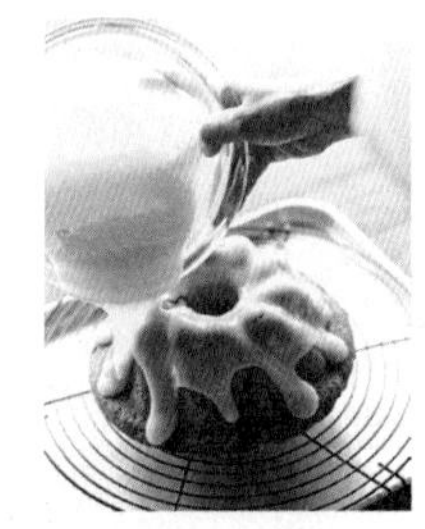

每種材料全都能親眼確認來源，這讓我們「輕而易舉」就能取得足以讓人安心享用的甜點。
第一次製作甜點的讀者，建議可以先選擇比較簡單的類型嘗試，這點非常重要；只要嘗試過一次，不知不覺就懂得第二道、第三道點心的作法，本書特別以此為重點設計。

雖然無法確定是否會開啟各位的「甜點之門」，但說不定……我能偷偷把開啟這扇門的鑰匙交到各位手上。我是真心這麼認為。

司康篇 Scone

製作前的小提醒

＊製作麵團所需要的時間，可依個人習慣改變。但不包含讓醒麵時間。

＊本書所使用的烤箱為1400瓦，請依照烤箱之不同，調整烘焙時間與溫度。

＊授課時常遇到的問題，可參考「白崎裕子Q&A」（第115頁）。

＊書中所提到的幾匙，指的是表面刮平與邊緣等高時，大匙＝15cc、小匙＝5cc。

＊秤重時建議使用電子磅秤。材料分量是製作甜點的關鍵，正確秤重才能製作美味甜點。

＊保存方法＝餅乾請確實冷卻後，跟乾燥劑一起放入密閉容器保存，這樣可避免受潮，用來送禮時也相當方便。／塔跟餅乾一樣，可以跟乾燥劑一起放在較大的保鮮盒或塑料袋中，以免受到溼氣的影響。／司康餅要趁還有微溫時放到塑料袋內，以免受潮。隔夜的司康餅，只要用噴霧器噴溼放到烤箱用180度的溫度加熱，就可以回復成剛烤好的感覺。／蛋糕請參閱各章節。不論是何者，都建議盡快享用。

＊沒有模具時＝可以在烤箱的烤盤上面攤開來烘烤，或是用紙、報紙製作磅蛋糕的模具，也可以在不鏽鋼的攪拌碗內鋪上烤盤紙，放到烤箱內進行烘焙。而在十元商店中，有時可以找到紙板模具。另外，就算沒有餅乾專用的模具，還是可以用菜刀分割，或是用手整成團狀、用叉子壓扁，都可以製作出美味又可愛的餅乾。

Cookie

這是基本款的點心之一，適合保存的特色令人高興。
用低溫烘烤較長的時間，可讓水分蒸發，形成酥脆的口感。

烤好的餅乾要確實冷卻後，
才能放到瓶罐等密封容器中保存，以免受到溼氣影響。
此時將市售餅乾或海苔所使用的乾燥劑一併放入，
可維持餅乾酥脆。

泡一杯茶，取出餅乾，
就算感到「今天真倒楣」，
也會逐漸覺得「又有什麼關係呢」，這就是餅乾的神奇之處。

餅乾・基本款

黃豆粉餅乾

10分

25分

黃豆粉不僅是和風的代表，
更是一種較為健康的食品。

平日總會遇到很多美食的誘惑，
既然如此，那不如自己動手做吧！
這樣一來，既安心省錢，而又健康。

再也不用擔心家人因為愛吃甜點而吃進什麼不好的東西了。

Q
餅乾為何總是烤不熟？

A
烤箱設定的溫度若太低，可能無法將餅乾烤到熟透。實際烘焙狀況會隨著烤箱種類而不同，下次可以將溫度稍微調高一點。

黃豆粉餅乾的製作方法

懷舊的氣氛與深入人心的美味。
本書製作餅乾的基本功，
全部濃縮在這款最基礎的餅乾裡。

若不使用雞蛋跟奶油，又想讓餅乾維持酥脆，必須注意二個重點。

第一是盡量不要用手觸碰。特別是雙手溫度較高的人，直接觸碰麵團會讓麵團變得越來越硬，烘烤之後很難有酥脆口感。

第二則是確實讓油菜籽油跟楓糖漿乳化到濃稠為止。或許有人疑惑著「乳化是什麼？」，簡單來說就是讓水跟油混合。透過這個技巧，可以輕鬆讓油菜籽油均勻散布在麵團之中。把用來攪拌粉類的攪拌器直接拿來混合液體，混入少量的粉類，讓乳化進行更加順利。詳情請參閱第二十頁。

1.

將粉類混合

將A放到攪拌碗內，用攪拌器確實混合，不可留下塊狀物。

2.

將液體混合

把B倒到比較小的攪拌碗內，用❶的攪拌器來攪拌到確實出現濃稠感，使其乳化（參閱第二十頁）。

（約三十片量）

A
- 低筋麵粉…80公克
- 黃豆粉…20公克

B
- 楓糖漿…45公克
- 油菜籽油…30公克
- 鹽…1小撮

混合

把❷加進❶中，用塑膠鏟整理成一整團的麵團。

擀平

將麵團放到跟烤盤差不多大小的烤盤紙上，稍微整理後蓋上保鮮膜，用擀麵棍擀到約0.5公分厚。

成型

用菜刀等工具劃出刻痕，並用竹籤戳洞，連同烤盤紙一起放到烤盤上。

烘焙

放到已經預熱到160度的烤箱之中，烘烤10分鐘後拿出來，用菜刀等工具順著刻痕切開，將烤箱的溫度調到150度再烤15分鐘。

POINT

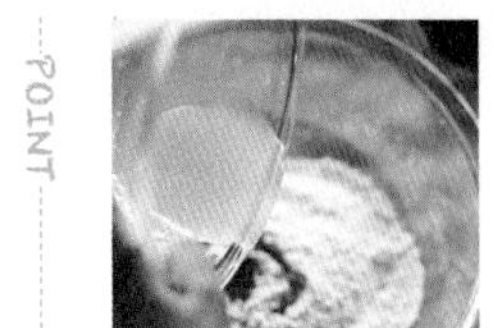

液體乳化後會泛白且出現濃稠的感覺

麵團整成一團的狀態

蓋上保鮮膜處理比較方便

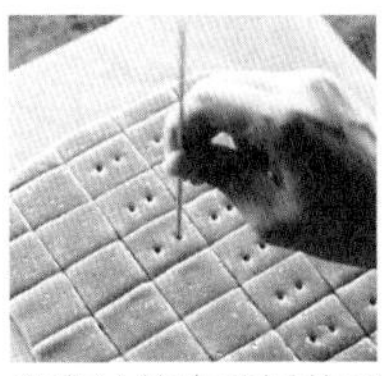

沒有竹籤也可以使用叉子

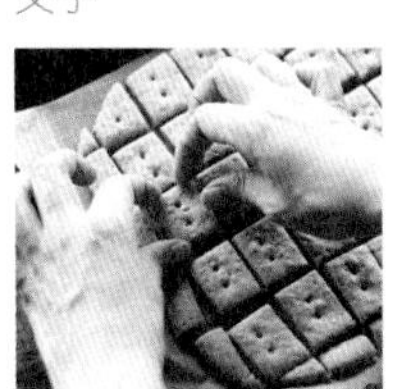

每塊餅乾要確實分開，讓側面也有酥脆口感

美味手感Plus+

・芋頭餅乾

將材料的黃豆粉換成芋頭粉，製作方法與黃豆粉餅乾相同。

・如何判斷是否烤好

觸碰烤好的餅乾，若是可輕易滑動就代表烘烤完成。冷卻後入口酥脆。

餅乾・基本款

切達起司餅乾

最適合用來當下酒菜
起司口味的餅乾

酒糟發酵的風味配上鹽跟油，用低溫的乾燥烘焙*使酒精蒸發，有和起司極為接近的芳香。

酒糟可選擇較為柔軟的板糟*，製作會比較順手。若酒糟太硬，可稍微減量，補上豆漿製作。

＊乾燥烘焙（乾燥焼き）：用100～150度的低溫烘焙，只讓表面乾燥，不出現棕色或金黃等烘烤的顏色。
＊板糟（板粕）：跟清酒分離、壓榨之後的酒糟，某些地區會將所有白色的酒糟都稱為板糟。

10分

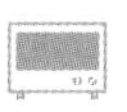
25分

1. 將A倒進攪拌碗內 a，用攪拌器拌勻，避免結塊成團。
2. 將酒糟放到比較小的攪拌碗內，倒入豆漿使其膨脹 b ，加上油菜籽油、楓糖漿，用攪拌器攪拌到柔滑為止，使其乳化。
3. 把1.加到2.，用塑膠鏟整成一團。將麵團放到烤盤大小的烤盤紙上，稍微整理之後蓋上保鮮膜，用擀麵棍擀到0.4公分厚，並用菜刀等工具劃上刻痕、用竹籤戳洞 d。
4. 放到已經預熱到160度的烤箱內，烘烤10分鐘之後取出，用菜刀等工具順著刻痕切開，將烤箱的溫度調到150度再烤15分鐘。

a

b

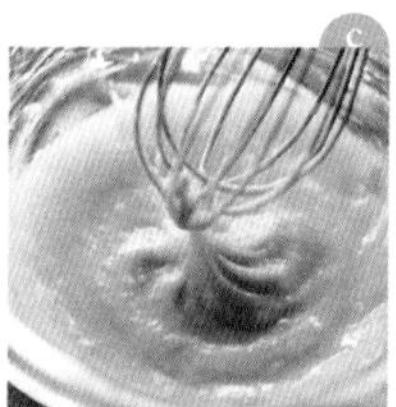
c

d

（約三十片量）

A
- 低筋麵粉…85公克
- 全麥麵粉…15公克
- 鹽…2小撮
- 黑胡椒…少許

B
- 酒糟…15公克
- 豆漿…10公克
- 油菜籽油…30公克
- 楓糖漿…20公克

Q
為何烤好之後，會出現深淺不一的顏色

A
酒糟若未完全溶化，就會出現這種現象。必須攪拌到呈現柔滑的感覺，跟粉類確實混合。

美味手感Plus+

在 1. 的過程之中加入少許的乾燥九層塔與咖哩粉也非常地美味。酒糟要是有剩，可以拿來製作「酒糟松露」（第一一〇頁），轉眼之間就會全部用光。

餅乾・基本款

椰子球餅乾

咬下後在口中散開，奶味香濃的餅乾球。
盡量不要觸碰麵團，迅速揉好後放入烤箱。

這分食譜會用到極少量的豆漿，因此常常有人會問「是否可以用水代替？」但正因為有這少量的豆漿，油菜籽油跟楓糖漿才能確實乳化。用手將軟軟的麵團迅速揉成球狀，在高溫下膨鬆鼓起，接著用低溫到中溫烘焙，創造出酥脆又輕盈的口感。

10分

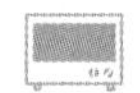

30分

1. 用跟黃豆粉餅乾❶～❸的相同步驟製作麵團，蓋上保鮮膜放置5分鐘 a。
2. 等麵團吸收水分變硬後加入椰子粉，用塑膠鏟迅速混合。用塑膠鏟分成20分擺到烤盤紙上 b，用手掌迅速搓成圓球 c.d。
3. 連同烤盤紙一起移到烤盤，放到已經預熱到170度的烤箱內，烤10分鐘後將溫度調到150度再烤20分鐘。

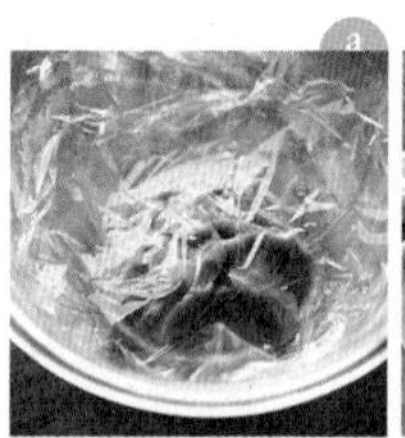
a

b

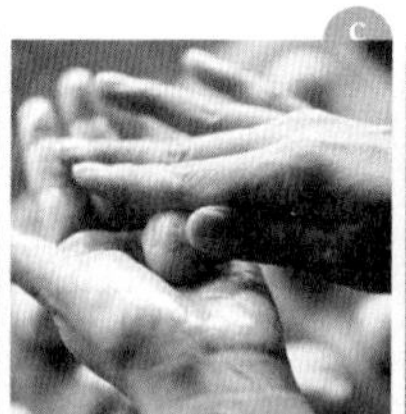
c

d

（約二十片量）

A
- 低筋麵粉…60公克
- 全麥麵粉…20公克
- 太白粉（或是葛粉）…20公克
- 發粉…½小匙

C
- 椰子粉…20公克

B
- 楓糖漿…50公克
- 油菜籽油…35公克
- 豆漿…10公克
- 鹽…1小撮

Q
為何無法在表面形成像照片這樣的裂縫。

A
開始烘烤的前10分鐘，烤箱溫度若是太低，就不會出現照片這樣的裂縫。請確實進行預熱，或是將溫度調高一點。

美味手感Plus+

用杏仁粉取代椰子粉，就變身「杏仁球餅乾」。若是換成胡桃碎片，則是「胡桃球餅乾」。

幸福提點

要是沒有全麥麵粉，可以多加20公克的低筋麵粉製作。

餅乾・模具篇

比司吉

酥脆輕盈的口感，精簡至上的口味。
看似平凡卻又相當罕見的原味餅乾。

10分

25分

使用餅乾模具卻又不加奶油，比較無法形成酥脆的口感。這是因為用模具將麵團分割時，會一次次將麵團揉在一起後擀平，更易產生麩質。在此介紹的麵團不但可以避免麩質產生，還很適合搭配模具使用。些許的甜菜糖將扮演連繫的角色，就算較薄的餅乾也不易裂開。撒入一些發粉，可以讓餅乾的表面平整，但就算不加還是可以烤出美妙滋味。

1. 把 A 放到攪拌碗內，用攪拌器拌勻，避免結塊成團。
2. 將 B 倒到比較小的攪拌碗內，用攪拌器攪拌均勻以乳化（盡可能讓甜菜糖溶化）a。
3. 把 2.加到 1.，用塑膠鏟將麵團整成一團 b，用兩張保鮮膜包住麵團，稍微整理後用擀麵棍擀到約0.4公分厚 c，用喜歡的模具分割 d，再用竹籤戳洞。
4. 將分割好的麵團排到鋪好烤盤紙的烤盤上，放到已經預熱到160度的烤箱中，烘烤10分鐘後調到150度，繼烤15分鐘。

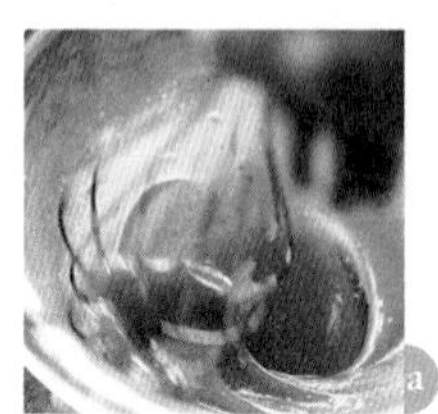
a

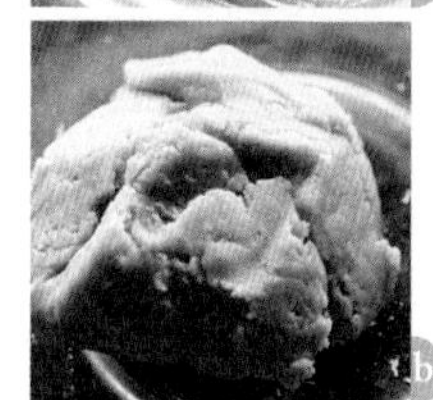
b

c

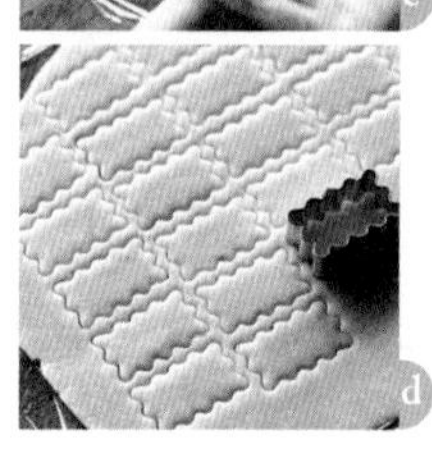
d

（約二十至二十五片量）

A
- 低筋麵粉…90公克
- 太白粉（或是葛粉）…10公克
- 杏仁粉…20公克
- 發粉…1小撮（沒有也沒關係）

B
- 楓糖漿…50公克
- 油菜籽油…30公克
- 甜菜糖（或是楓糖）…5公克
- 鹽…1小撮

美味手感Plus+

沒有杏仁粉時，用全麥麵粉或玉米粉代替也非常美味。黃豆粉鮮奶油夾心餅乾（第二十五頁）是用比司吉夾上混入葡萄乾的黃豆粉鮮奶油（第二十四頁）。

果醬夾心餅乾（第二十一頁）是用比司吉搭配草莓果醬，用比司吉來夾住膠狀果醬。另外還可以用全麥比司吉搭配藍莓果醬，把低筋麵粉換成【低筋麵粉45公克＋全麥麵粉45公克】製作，並夾上膠狀果醬。

餅乾・模具篇

肉桂巧克力比司吉

擁有美味口感跟巧克力風味的比司吉。
不容易碎裂的特徵，是這裡的最佳選擇。

用喜歡的模具分割後，拿起叉子用背面在四個邊壓出花紋，可以形成可愛外表。用竹籤戳洞，烤好後用繩子串起當作耶誕節的吊飾，也是相當有趣的作法。用這款餅乾將檸檬鮮奶油（第七十八頁）或豆漿鮮奶油（第一〇八頁）舀起來享用，是令人難以抗拒的美味。要千萬注意別讓自己享受過頭。

1. 用跟比司吉（第16頁）❶～❷相同步驟製作。
2. 將粉類加進乳化的 B 中，用塑膠鏟迅速混合，整成一團後用兩張保鮮膜包住麵團，用擀麵棍擀到約0.4公分厚，並用喜歡的模具分割。
3. 將分割好的麵團排到鋪好烤盤紙的烤盤，放到已經預熱到160度的烤箱中，烘烤10分鐘後調到150度，續烤15分鐘。

10分

25分

果醬夾心餅乾（第二十一頁）是用巧克力薑餅搭配橘子果醬，把材料中的肉桂粉改成薑粉，並夾上膠狀果醬（第七十六頁）。

・幸福提點

不喜歡可可粉的人，可用長角豆粉取代；製作方式必須將低筋麵粉90公克＋可可粉10公克改成【低筋麵粉80公克＋角豆粉20公克】，以同樣方式製作。

（約二十片量）

A
- 低筋麵粉… 90公克
- 可可粉…10公克
- 杏仁粉…20公克
- 肉桂粉…1小匙
- 發粉…1小撮（沒有也沒關係）

B
- 楓糖漿…50公克
- 油菜籽油…30公克
- 甜菜糖（或是楓糖）…10公克
- 鹽…1小撮

Q
沒有餅乾模具的話怎麼辦？

A
跟黃豆粉餅乾（第十頁）一樣，用菜刀切即可。

乳化的祕訣

簡單來說，「乳化」是讓水跟油混合在一起的行為。在讓楓糖漿跟油菜籽油、豆漿跟油菜籽油、豆腐跟油菜籽油混合時，都會用到這項「技術」。透過乳化，可以讓油均勻混入整個麵團，讓甜點更美味。也就是說，乳化是讓沒有使用奶油的甜點，也取得職業等級美味的「技術」。話雖如此，乳化作業並不困難，不用擔心自己是否做得來。只要掌握重點，誰都能輕鬆完成。

此外，讓液體帶有濃稠感，可讓乳化更加容易成功。在本書的食譜中，會透過攪拌器上所殘留的粉類、用檸檬汁搭配豆漿、讓甜菜糖溶化在楓糖漿中，或利用麥芽糖（米糖＊）的黏性來獲得濃稠感，因此請確實按照本書食譜進行製作。

＊米糖（米飴）：讓米的澱粉糖化所製作而成的甜味劑，跟麥芽糖有許多共通點，用法也幾乎相同。

POINT

* 不可大幅揮動攪拌器，也不要劇烈到發出聲響。
* 往右轉動進行攪拌。
* 一開始先將一個部位當作軸心，畫出小小的圓圈混合。
* 開始乳化後，漸漸擴大圓圈的規模，使整體混合。

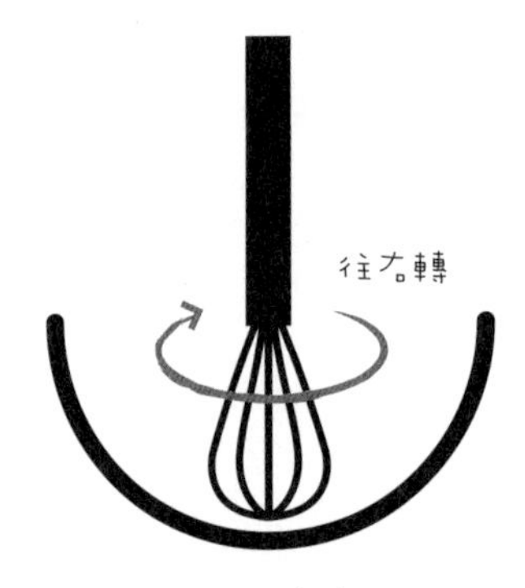

從側面來看

盡量讓攪拌器維持在垂直的角度，用壓住攪拌碗底部其中一點的感覺混合。

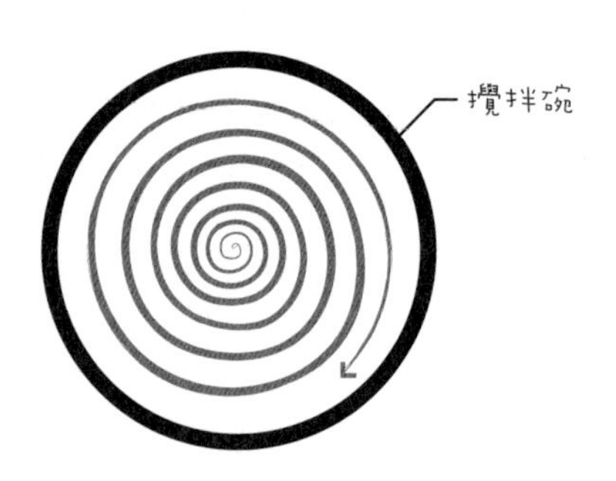

從上方來看

一開始用小的圓圈，出現乳化現象後，漸漸擴大圓圈的範圍。

全麥比司吉
×
藍莓膠狀果醬

果醬夾心餅乾

（製作方法參閱第十七頁）

比司吉
×
草莓膠狀果醬

巧克力薑餅
×
橘子膠狀果醬

Q
為何膠狀果醬（第七十六頁）無法凝結？

A
果醬若是煮過頭，果醬所產生的酸會讓洋菜不易凝固。
要注意不可以煮過頭。

菊花酥

餅乾・擠花篇

入口即化、風味較為濃厚的餅乾。
擠出一團一團，是美味的祕訣。

將柔軟又黏稠的麵團擠出一個個菊花形狀，烘烤成餅乾。黃豆粉的味道扎實，風味濃厚，但放入口中卻迅速溶化。沒有擠花袋時，可將塑膠袋的一角剪開，以此來代替。保存於小小的瓶罐中，光是這樣就能給人幸福的感覺。

10分

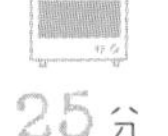

25分

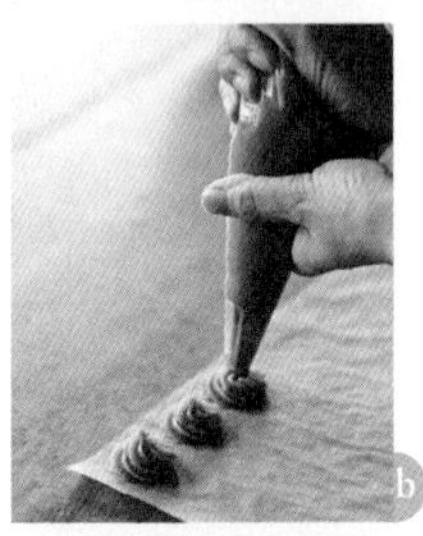

1. 用跟黃豆粉餅乾（第十頁）❶～❸的相同步驟製作麵團 a。
2. 將麵團填入擠花袋內，擠到鋪上烤盤紙的烤盤上 b。
3. 放到已預熱到160度的烤箱中，烘烤10分鐘後調到150度，續烤15分鐘 c。

美味手感Plus+

沒有擠花袋時，將塑膠袋（較厚的比較好用）的一角剪開代替。用手指輕輕按住前端擠出會比較漂亮。

黃豆粉鮮奶油夾心餅乾（第二十五頁）會用菊花酥夾上黃豆粉鮮奶油（第二十四頁）。

材料（約四十片量）

A
- 低筋麵粉…65公克
- 太白粉（或是葛粉）…15公克
- 黃豆粉…20公克

B
- 楓糖漿…55公克
- 油菜籽油…50公克
- 鹽…1小撮

Q
為什麼麵團有油浮出？

A
加入粉類後若是混合過度，或是擠出時花太多時間都會產生麩質，容易造成分離。要迅速完成作業。

Surprise!
甜·點·配·料·

黃豆粉鮮奶油

具有黃豆粉風味，使用有機起酥油製作的鮮奶油。夏天會因室溫融化，建議冬天較冷時製作。除了用餅乾夾著享用，還可塗在瑪芬上，這些可都是只有有機起酥油才能辦到（無法用油菜籽油代替）。沒有這款奶油霜雖然也不會怎樣，但它卻可以為人帶來驚喜跟歡樂。

材料（容易製作的分量）

有機起酥油…50公克
楓糖漿…35公克
黃豆粉…12公克
鹽…1小撮

黃豆粉奶油霜製作方法

1. 將有機起酥油放入攪拌碗，用較小的攪拌器混合攪拌之後，將其他材料全部加入，確實混合到呈現柔滑的感覺為止。
2. 放到冰箱冷卻凝固。

＊起酥油太硬時，可將容器泡到熱水之中使其變軟。注意不可過度融化。

黃豆粉鮮奶油夾心餅乾

（製法參閱第十七、二十二頁）

Q
有什麼比較美味的享用方式嗎？

A
建議可放到冰箱冷藏後享用。
將葡萄乾換成蘭姆酒葡萄乾也相當優雅。

餅乾・基本款

全麥餅乾棒

口感清脆美味的硬餅乾。
要確實烘烤，迅速完成。

不知不覺已經烤了超過十年，這是我餅乾的原點。

用這個麵團加上堅果或乾燥水果，就是自然食品店中販售的「奶油酥餅（Shortbread）」。現在細想後會覺得：到底哪裡算是奶油酥餅？但每次製作這款餅乾棒時，都讓我想起不用奶油就能烤出酥脆餅乾的喜悅。

10分

30分

1. 把A放到攪拌碗內，用攪拌器拌勻，避免結塊成團。
2. 倒入油菜籽油，用攪拌器混合成鬆散的感覺 a 後，倒入豆漿，用塑膠鏟將麵團整成一團 b。
   ＊利用攪拌器，就算是雙手溫度較高的人也能順利完成。雙手較為冰冷的人，可直接用手迅速攪拌。
3. 將麵團放到跟烤盤差不多大小的烤盤紙上，稍微整理後蓋上保鮮膜，用擀麵棍擀到約0.4公分厚 c，用菜刀等工具按照喜歡的大小劃上刻痕 d。
4. 放到已預熱到160度的烤箱中，烤10分鐘後取出，用菜刀等工具順著刻痕分割，將烤箱調到150度續烤15分鐘。

a

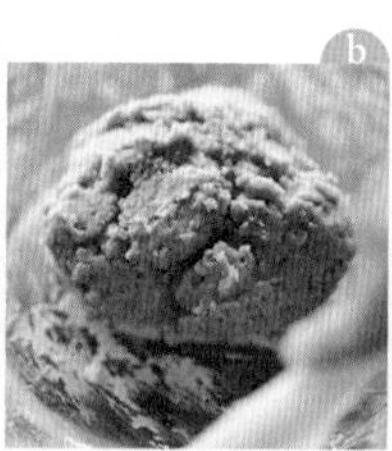
b

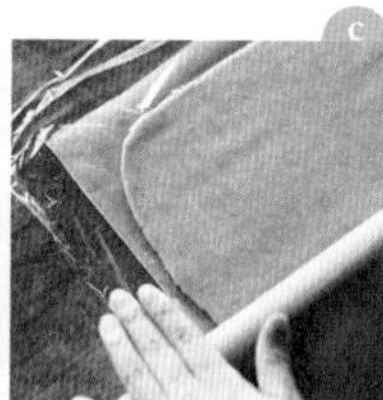
c

d

（約二十片量）

A
- 低筋麵粉…50公克
- 全麥麵粉…50公克
- 甜菜糖（或是楓糖）…25公克
- 鹽…2小撮

B
- 油菜籽油…30公克
- 豆漿…20～25公克

Q
為什麼餅乾會裂開？

A
水分不足會裂開，若是覺得麵團比較不容易成團，可補上一些豆漿。

美味手感Plus+

鹹餅乾棒

在餅乾剛烤好時，趁熱撒上鹽。

黑芝麻餅乾棒

將10公克的炒黑芝麻加到材料A，以同樣方法製作。

肉桂餅乾棒

在材料A加上1小匙的肉桂粉，楓糖漿增加10公克，在餅乾剛烤好時，趁熱撒上肉桂粉。

餅乾・基本款

白芝麻薄片

酥脆又香濃的薄烤餅乾。
在烤盤上攤開烘烤，
讓大家自己動手剝開，享受美好時光。

將整塊麥片握在手中捏碎，會出現粉狀碎片，跟略帶粗糙的部分，以這兩者間的差異來創造獨特口感。弄碎的過程若是太過隨便，水分將無法順利吸收，讓餅乾失去酥脆口感。所以請務必要努力將它弄碎。

10分

35分

1. 將整塊麥片放到碗內，以用手捏成碎片 a。加上低筋麵粉、甜菜糖，用攪拌器拌勻，避免結塊成團。
2. 把 B 倒進較小的攪拌碗內，用攪拌器確實攪拌乳化 b。
3. 把 2. 加到 1.，用塑膠鏟將麵團整成一團，放置1～2分鐘後加入 C 混合 c，用湯匙將麵團分成12等分，排在跟烤盤差不多大小的烤盤紙上，用湯匙背面來整理成渾圓形狀 d。
4. 連同烤盤紙一起放到烤盤上，放到已經預熱到160度的烤箱之中，烘烤10分鐘後調到150度，繼續烤20～25分，烤到酥脆為止。

＊一張烤盤大約放六片。使用雙層式烤箱時，可在途中讓兩張烤盤交換位置，以免烤得不均勻。單層式的烤箱則是分兩次烘烤。

a

b

c

d

（十二片量）

A
- 低筋麵粉…55公克
- 麥片…45公克
- 甜菜糖（或是楓糖）…40公克

B
- 油菜籽油…40公克
- 豆漿…40公克
- 鹽…1小撮

C
- 炒白芝麻…20公克
- 椰子粉…5公克（沒有也沒關係）

將炒白芝麻換成杏仁片，以相同方式製作，就可變身杏仁薄片。擀成跟烤盤差不多大小烘烤，也非常美味。

要是沒有椰子粉，可以將炒白芝麻的分量增加5公克。

餅乾・口感篇

酥脆巧克力

冬季限定的巧克力餅乾。
酥脆感在口中徘徊，
讓人一吃就不想停下的美味口感。

在烤箱中融化的甜菜糖，冷卻後凝固成的冬季限定餅乾。沒有加水的麵團有獨特口感，切成薄薄的一片片雖然相當美觀，但也比較容易變形，做不好時可以用手握成小小一團。一樣能夠突顯出酥脆的口感與那獨特的美味。

10分

20分

1. 把A放到攪拌碗內，用攪拌器拌勻，避免結塊成團。
2. 將B倒入，用塑膠鏟混合到整體溼潤且黏在一起為止 a，將麵團整成一團。
3. 用手將麵團整理成筒狀（圓柱、四角形、三角形都可以）b、約0.5公分切片 c。
4. 排在鋪上烤盤紙的烤盤，放到已經預熱到160度的烤箱中，烘烤10分鐘後調到150度，續烤10分鐘。等餅乾冷卻，篩上可可粉（分量外）。

＊剛烤好時雖然軟，但是會在冷卻後變硬，注意不可烤過頭。

a

b

c

（約二十四片，或球型四十個分量）

A
- 低筋麵粉…90公克
- 可可粉…10公克
- 杏仁粉…20公克
- 甜菜糖（或是楓糖）…50公克
- 鹽…1小撮

B
- 油菜籽油…40公克

美味手感Plus+

直接用手握出 d 40顆小球 e，
烘烤也一樣美味。

杏仁奶油酥餅

餅乾・節日篇

在冬天享用，格外豪華的濃郁餅乾。
在新年或耶誕節等特別日子，讓我們親手做出美味餅乾吧。

用湯匙將麵團裝到容器中，放到冰箱冷卻凝固後再來烘烤。容器的尺寸並沒有影響，不過裝的時候讓麵團維持在1公分以下厚度較佳。另外要注意不可強壓麵團，輕輕填入即可。

15分

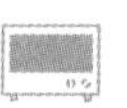

35分

1. 把 A 放到攪拌碗內，用攪拌器拌勻，避免結塊成團。
2. 把 B 倒入，用叉子邊混合邊壓擠，一直到起酥油變成米粒般的大小，呈現鬆散粉末般的感覺 a。
3. 倒入 C 並整成一團，用湯匙填入喜歡的模具 b 後 c，在冰箱內放置30分鐘以上冷卻、凝固。
4. 移到烤盤上用叉子戳洞 d，放到已經預熱到170度的烤箱中，烘烤10分鐘後調到150度，續烤25分鐘。

＊用油菜籽油製作時，要讓40公克的油菜籽油跟楓糖漿確實混合後，再放到1的攪拌碗內整成一團，裝入容器後不用放置，直接烘烤。烘烤時間為160度10分鐘改調至150度再烤20～25分鐘。

a

b

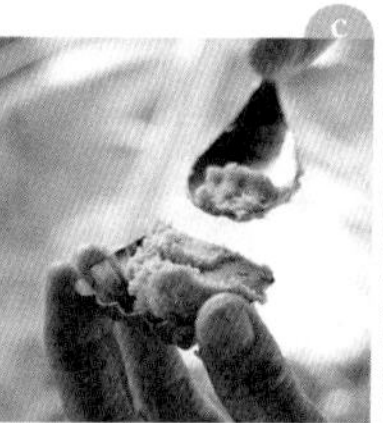
c

d

（4公分的正方型容器約二十個）

A
- 低筋麵粉…80公克
- 杏仁粉…40公克
- 鹽…1小撮

B
- 有機起酥油…50公克（或是40公克的油菜籽油）

C
- 楓糖漿…60公克

美味手感Plus+

在材料 A 加入1小匙的肉桂粉、$\frac{1}{2}$小匙的薑粉，就會成為最適合耶誕節享用的香料奶油酥餅。有的話可以再加上$\frac{1}{4}$小匙的丁香粉，風味更佳。

Q
為什麼融化的起酥油讓麵團變得黏滑？

A
先放到冰箱冷卻後再進行作業。

巧克力奶油酥餅

餅乾・節日篇

用杏仁奶油酥餅加上可可粉跟蘭姆酒，
搖身一變大人的風味。
用手掌跟指尖自由改變造型。

跟杏仁奶油酥餅相比，麵團較硬比較容易處理，可不用模具，直接用手成型。用手揉出想要的形狀時，必須迅速完成作業，拖太久的話會讓麵團出現黏稠感，有損烤好後的酥脆感。麵團如果在途中變得太軟，可先放到冰箱冷藏一下。只要整體厚度在1公分以下，不論多大、什麼形狀都沒有關係。

15分

35分

1. 以杏仁奶油酥餅（第三十二頁）1.~ 3.相同步驟製作麵團 a，放到冰箱冷藏約半小時。
2. 將麵團放到烤盤大小的烤盤紙上，用手整理成約1公分厚 b，用指尖將邊緣捏出波浪 c，並用手指整型 d。用菜刀等工具劃出刻痕 e，並用叉子戳洞 f。
3. 放到已經預熱到170度的烤箱，烘烤10分鐘後取出，用菜刀等工具順著刻痕分割，調到150度再烤25分鐘。

（單片直徑約20公分）

A
- 低筋麵粉…80公克
- 杏仁粉…40公克
- 可可粉…15公克
- 甜菜糖（或是楓糖）…10公克
- 鹽…1小撮

B
- 有機起酥油…50公克

C
- 楓糖漿…50公克
- 蘭姆酒…10公克

※照片為直徑約15公分餅乾兩片。

Q
邊緣的造型很不好整型。

A
用叉子在麵團邊緣壓住留下痕跡，
可輕鬆作出造型。

cake

剛烤好時風味最佳的蛋糕、放涼之後口感膨鬆的蛋糕，
要放置幾天後才有絕佳風味的蛋糕。

蛋糕中凝聚了製作甜點的樂趣，
跟所有一切的「技術」。

剛烤好的熱騰騰的蛋糕可跟家人一起享用，
能久放的蛋糕適合拿來送禮，
嬌小可愛的蛋糕則可帶到公司當點心。

果醬瑪芬

10分

25分

將還留有餘溫的瑪芬剝成兩半，熱騰騰的果醬緩緩流下。
沒有自己做過甜點，無法了解其中的美味。
食譜的果醬分量剛好，
若刻意加上更多的果醬會從旁邊溢出，也非常美味。

建議選擇不要太甜、帶有新鮮水果風味的果醬。
最近在一般超市愈來愈普遍的無糖果醬，
也不錯。

Q
有什麼祕訣可以讓果醬不流出來嗎？

A
要讓果醬位在麵團正中央，並使用水分較少的果醬

趁熱馬上享用！

果醬瑪芬的製作方法

鬆軟到讓人忘記
沒有使用奶油跟雞蛋的瑪芬。
記得要用美味的果醬來搭配。

模具表面也塗上油菜籽油，
讓整體能順利脫模！

瑪芬果醬的水分會隨著時間滲入麵團，
這樣除了會讓麵團變得太軟，也會影響到味道。

若不是馬上享用，建議在果醬中混入些許的洋菜粉，
這樣在冷卻後果醬會凝固，水分也不會滲入麵團，放到隔天也能美味享用。

裝到模具時若是拖太久的話，將無法順利膨脹，
麵團混合結束後迅速放到烤箱中，是製作重點。

1.

將粉混合

把 A 放到攪拌碗內，用攪拌器拌勻，避免結塊成團。

2.

混合豆漿跟油

把豆漿倒到另一個攪拌碗，加上檸檬汁用攪拌器攪拌，出現濃稠感後，將油菜籽油倒入使其乳化，加入甜菜糖，攪拌到甜菜糖溶化為止。

材料
（模具六顆量）

A
- 低筋麵粉…100公克
- 杏仁粉…25公克
- 發粉…1小匙
- 小蘇打粉…½小匙

C
- 喜歡的果醬…40公克

B
- 豆漿…100公克
- 檸檬汁…20公克
- 油菜籽油…40公克
- 甜菜糖（或是楓糖）…40公克
- 鹽…1小撮

混合

把❶加進❷中，用攪拌器攪拌到出現光澤為止，以畫圓的方式迅速混合（太慢的話麵團會不均勻）。

放入模具

將瑪芬用的紙杯放入模具中，用湯匙舀入麵團填滿一半高度，正中央各舀上一匙果醬，將剩下的麵團蓋上（不可讓果醬接觸模具底部）。

烘烤

放到已經預熱到180度的烤箱中，烘烤10分鐘後調到160度，續烤15分鐘。

卸下模具

趁熱拿著模具敲打桌面數次，再將瑪芬脫模（冷卻之後會拿不下來）。冷卻到適當溫度後，趁還留有餘溫時裝到塑料袋之中密封。可在常溫之中保存兩天。

POINT

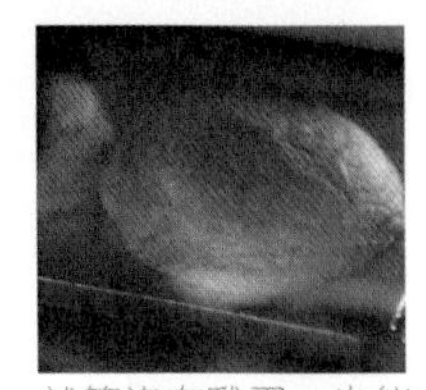

就算沒有雞蛋，也能膨脹成可愛的傘狀！

果醬建議使用無糖的有機果醬（參閱第一一七頁）。

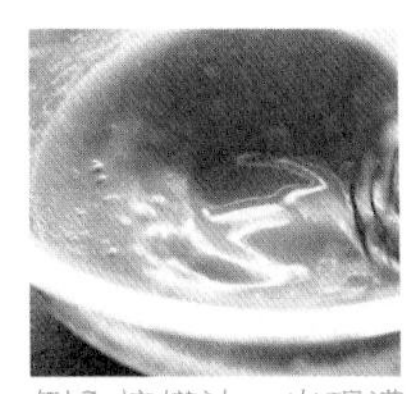

倒入檸檬汁，出現濃稠感後

▼

倒入油菜籽油使其乳化

美味手感Plus+

在果醬中混入$\frac{1}{4}$小匙洋菜粉，能在冷卻後讓果醬凝固，放到隔天也不會讓麵團變得溼軟。

・紅茶果醬瑪芬

撕開兩袋紅茶包，磨碎後加到材料 A 中。果醬可選擇易搭配的橘子果醬。

・葡萄乾瑪芬

用40公克的葡萄乾取代果醬，在❸的步驟中跟麵團混合。

大理石瑪芬

瑪芬・基本款

跟剛出爐時相比，稍微冷卻後更加美味，

擁有美麗大理石花紋的瑪芬蛋糕。

首先要用蘭姆酒混合可可粉跟甜菜糖，雖然會太乾而難以攪拌，但千萬不可以加水。甜菜糖在烘烤後會融化形成水分，如果另外加水會讓麵團太溼。因此用「最低限度的蘭姆酒」來取代水，蘭姆酒的酒精成分會在烘烤時蒸發，讓水的分量恰到好處，巧克力部分也鬆鬆軟軟。

10分

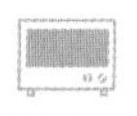

25分

1. 把 C 放到較小的攪拌碗內，以湯匙背面壓住的感覺來攪拌到溼潤為止 a。
2. 用跟果醬瑪芬（第四十頁）❶～❸的相同步驟製作麵團。
3. 把2大匙的 2. 加進 1.，混合攪拌製作巧克力麵團。
4. 在放上瑪芬用紙杯模具的其中一邊，用湯匙舀入 2. 的原味麵團，另外一邊舀入 3. 的巧克力麵團 b，並且覆蓋原味麵團。用竹籤插入巧克力麵團的一邊，畫上兩個圓，一邊畫一邊抽出巧克力麵團 c，製作成大理石花樣 d（若無法迅速完成，麵團將無法順利膨脹）。
5. 放到已經預熱到180度的烤箱中，烘烤10分鐘後調到160度，續烤15分鐘。趁熱拿著模具敲打桌面數次，再將瑪芬脫模。冷卻到適當溫度後，趁還留有餘溫時裝到塑料袋之中密封。可常溫保存兩天。

a

b

c

d

（瑪芬模具六顆量）

A
- 低筋麵粉…100公克
- 杏仁粉…25公克
- 發粉…1小匙
- 小蘇打粉…$\frac{1}{2}$小匙

C
- 可可粉…10公克
- 甜菜糖（或是楓糖）…15公克
- 蘭姆酒…10公克

B
- 豆漿…100公克
- 檸檬汁…20公克
- 油菜籽油…40公克
- 甜菜糖（或是楓糖）…40公克
- 鹽…1小撮

Q
給小孩吃的時候，可以將蘭姆酒換成水嗎？

A
換成水也可以，但用蘭姆酒會比較鬆軟。蘭姆酒的酒精成分會在烘烤過程蒸發，瑪芬中只保留香氣。

美味手感Plus+

橘子大理石瑪芬是將1小匙磨碎的橘子皮加到材料B，烘烤時切下一片橘子放到麵團上。

全麥堅果瑪芬

瑪芬・基本款

滿是全麥麵粉與堅果的麵團，
用肉桂點綴濃郁芳香的瑪芬蛋糕。
讓人回味無窮。

請使用自己喜歡的堅果，不論是單一品種還是多種混合，都非常美味。已烘焙過的堅果可直接使用，生的、受潮的可用預熱到一百六十度的烤箱約十分鐘，馬上便能散發迷人的芳香。

在此是用夏威夷豆跟腰果製作，若加入乾燥的葡萄乾，也能得到扎實美味。

10分

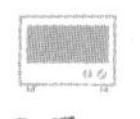
25分

1. 用跟果醬瑪芬（第四十頁）❶～❸的相同步驟製作麵團，加上堅果後迅速混合（留下一些堅果裝飾用）。
2. 模具內放上瑪芬用紙杯，用湯匙舀入麵團後放上裝飾用的堅果。
3. 放到已預熱到180度的烤箱中，烘烤10分鐘後調到160度，續烤15分鐘。趁熱拿著模具敲打桌面數次，再將瑪芬脫模。冷卻到適當溫度後，趁還留有餘溫時裝到塑料袋之中密封。可在常溫之中保存兩天。

・無花果×腰果瑪芬

將腰果的分量減少20公克，加上40公克切碎的乾燥無花果，以相同方式製作。

・薑汁瑪芬

不使用肉桂粉跟堅果，將110公克的豆漿換成【100公克的豆漿＋10公克的榨生薑汁】，以相同方式製作。

（瑪芬模具六顆量）

A
- 低筋麵粉…50公克
- 全麥麵粉…50公克
- 杏仁粉…25公克
- 肉桂粉…1小匙
- 發粉…1小匙
- 小蘇打粉…$\frac{1}{2}$小匙

B
- 豆漿…110公克
- 檸檬汁…20公克
- 油菜籽油…40公克
- 甜菜糖（或是楓糖）…40公克
- 鹽…1小撮

C
- 自選堅果…40公克

沒有小蘇打粉的話，是否可以只用發粉？

A

發粉會往直的方向膨脹，小蘇打粉則是可以往橫的方向膨脹，兩者同時使用才能做出漂亮的瑪芬。

瑪芬・基本款

香蕉瑪芬

利用香蕉的黏稠製作而成的瑪芬蛋糕，
溼潤鬆軟，同時擁有細膩的口感。
跟莓果是天生絕配。

香蕉的分量，設計成剛好讓瑪芬口感鬆軟，當然也可以依照喜好加入更多的香蕉，成為又軟又黏的瑪芬。要是沒有全麥麵粉，可用一二五公克的低筋麵粉製作，豆漿分量則需要減少二十五公克。運用藍莓、覆盆子等莓果搭配，也非常合適。

10分

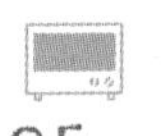

25分

1. 把 A 放到攪拌碗，用攪拌器拌勻，避免結塊成團。

2. 香蕉切片後放進另一個攪拌碗，倒入檸檬汁跟蘭姆酒，用叉子背面迅速壓碎 **a**，用攪拌器確實攪拌出黏稠感。

3. 把 C 加到2.，攪拌到甜菜糖確實溶化為止，加入1.，用攪拌器迅速畫圓，攪拌到出現光澤為止 **b**。

4. 用湯匙舀麵團到放上瑪芬用紙杯的模具內，分別將 D 疊上 **c**。放到已經預熱到180度的烤箱之中，烘烤10分鐘後調到160度，續烤15分鐘 **d**。趁熱拿著模具敲打桌面數次，再將瑪芬脫模。冷卻到適當溫度後，趁還有餘溫時，裝到密封袋中保存，可在常溫之中保存兩天。

a

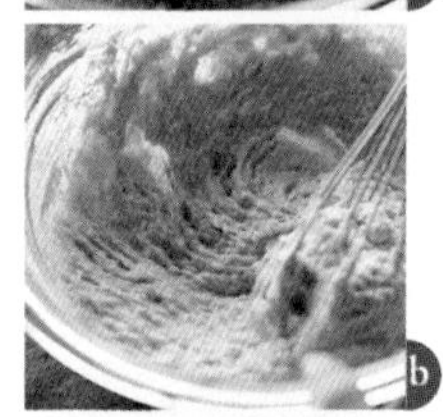

b

c

d

材料

（瑪芬模具六顆量）

A
- 低筋麵粉…100公克
- 全麥麵粉…25公克
- 發粉…1小匙
- 小蘇打粉…$\frac{1}{2}$小匙

B
- 香蕉…70公克
- 檸檬汁…20公克
- 蘭姆酒…2小匙

C
- 豆漿…60公克
- 油菜籽油…45公克
- 甜菜糖（或是楓糖）…40公克
- 鹽…1小撮

D
- 香蕉切片…6片

美味手感Plus+

・椰子香蕉瑪芬

用椰子粉取代全麥麵粉製作。

・椰子莓果瑪芬

在麵團中混入40公克藍莓(或覆盆子),以相同方法製作。塗上豆漿鮮奶油起司(第一〇九頁)也非常美味。

・大理石香蕉瑪芬

參閱大理石瑪芬的製作方法(第四十二頁),將一部分麵團換成巧克力麵團,製作成大理石花樣後,以相同方式烘烤。

・檸檬香蕉瑪芬

在香蕉瑪芬淋上檸檬鮮奶油(第七十八頁)。

檸檬瑪德蓮&巧克力瑪德蓮

蛋糕・人氣款

不用雞蛋
也能溼潤鬆軟！

10分

20分

製作不使用雞蛋的瑪德蓮蛋糕時，若是增加水的分量，
會讓內部變得太糊，但減少水的分量則會讓外表變得太硬。

因此得記下獨家食譜，先將瑪德蓮烤得像餅乾一樣酥脆，
趁熱淋上大量的冰糖漿，只要糖漿的分量夠多，
冷卻後即可成為內外溼潤鬆軟的瑪德蓮蛋糕。

使用這種手法時，瑪德蓮蛋糕與糖漿的溫度落差越大越有效，
因此要把糖漿放進冰箱冷藏，在瑪德蓮蛋糕剛烤好的瞬間，迅速淋上糖漿。

另外，只要用高溫、短時間來烘烤，就可以形成可愛的突起。

Q
為什麼糖漿無法順利滲入瑪德蓮？

A
要是沒有趁瑪德蓮蛋糕剛出爐時塗上，只會讓外表變得溼淋淋，糖漿也無法順利滲透。記得要用熱騰騰的瑪德蓮配上冰涼的糖漿！

檸檬瑪德蓮的製作方法

淨圓飽滿，鼓出小肚臍的水嫩美人·瑪德蓮。
用獨家食譜打造甜點界的偶像。

1. 把 A 放到攪拌碗，用攪拌器拌勻，避免結塊成團。

2. 把豆漿倒到另一個攪拌碗內，倒上檸檬汁用攪拌器混合，出現濃稠感後，倒入油菜籽油使其乳化 a，混合檸檬皮跟甜菜糖、鹽，攪拌到甜菜糖溶化為止。把1.倒入，用攪拌器畫圓攪拌，混合到柔滑為止 b。

3. 用湯匙將麵團舀到模具內 c，表面抹平，放到已預熱到180度的烤箱烤20分鐘。混合 C 製作成糖漿，放到冰箱冷藏。

4. 烤好之後，趁熱用刷子塗上所有糖漿 d。

（瑪德蓮模具八顆量）

A
- 低筋麵粉…60公克
- 杏仁粉…15公克
- 發粉…$\frac{3}{4}$小匙

C
- 水…10公克
- 檸檬汁…5公克
- 蜂蜜（或是龍舌蘭糖漿）…15公克

B
- 豆漿…60公克
- 油菜籽油…25公克
- 甜菜糖（或是楓糖）…25公克
- 鹽…1小撮
- 檸檬皮（磨碎）…些許
- 檸檬汁…5公克

＊沒有檸檬皮時，可在C加入$\frac{1}{2}$小匙的檸檬萃取物。

巧克力瑪德蓮的製作方法

1. 變換材料後，跟檸檬瑪德蓮（左頁）用相同方法製作。

＊跟檸檬瑪德蓮相同方法，加上可可粉製作。一般在製作巧克力的甜點時，會刻意增加甜度，但在這個食譜下必須考慮到燒焦的問題，因此用糖漿來調整、增加甜度。

美味手感Plus+

除了使用瑪德蓮模具之外，還可以用紙模具製作。

只要露出可愛的肚臍就代表成功！

材料
（瑪芬模具六顆量）

A
- 低筋麵粉…50公克
- 可可粉…10公克
- 杏仁粉…15公克
- 發粉…¾小匙

B
- 豆漿…60公克
- 油菜籽油…25公克
- 甜菜糖（或是楓糖）…25公克
- 鹽…1小撮
- 檸檬汁…5公克

C
- 糖漿
- 蜂蜜（或是龍舌蘭糖漿）…20公克
- 蘭姆酒（可換成水）…10公克

蛋糕・人氣款

費南雪金磚蛋糕

真的沒用奶油嗎？
讓人忍不住這樣問的美味費南雪蛋糕。

在這款食譜中的甜菜糖不易溶化，但也不可因此而使用楓糖漿等液狀的甜味劑；讓甜菜糖溶化在麵團中，可讓豆腐跟油菜籽油確實乳化，形成有如奶油的濃郁風味。另外，豆腐跟油菜籽油若是分離，除了太油還會太乾，所以請努力讓它確實溶化。製作這款麵團時，就算大膽地畫圓進行攪拌也沒問題。

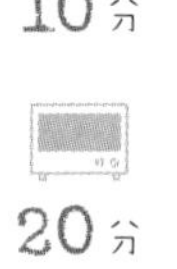

10分

20分

1. 把A放到攪拌碗內，用攪拌器拌勻，避免結塊成團。
2. 將豆腐放到另一個攪拌碗內，用跟無花果布朗尼（第六十頁）2.相同步驟，讓油菜籽油乳化 **a**。放入甜菜糖、鹽、香草萃取物，盡量攪拌到甜菜糖溶化為止 **b**。
3. 把1.加到2.，用攪拌器攪拌到沒有粉的感覺為止，畫圓攪拌，等麵團成型後，於麵團上鋪保鮮膜蓋住，放到冰箱冷藏15分鐘以上。
4. 用湯匙將麵團舀到模具內，放上杏仁片 **c**，放到已經預熱到170度的烤箱中，烘烤10分鐘後調到160度，續烤10分鐘（用紙模具製作時，以170度烤10分鐘後調到160度，續烤15分鐘）。冷卻到適當溫度後，趁還留有餘溫時裝入塑料袋密封 **d**。可在常溫之中保存三天。

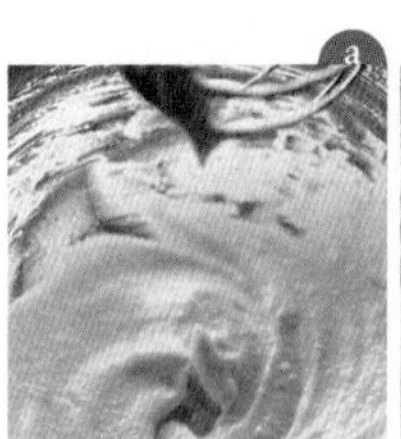
a

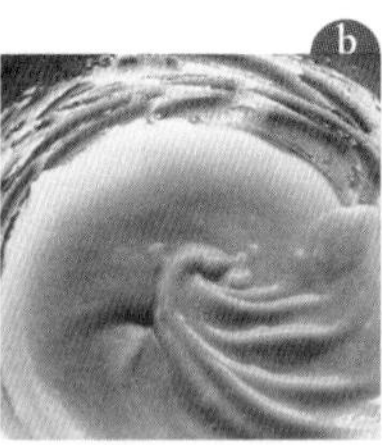
b

c

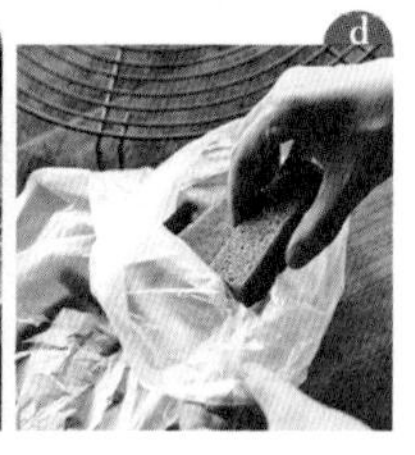
d

（模具六顆量）

A
- 低筋麵粉…30公克
- 杏仁粉…30公克
- 發粉…2公克

B
- 絹豆腐…40公克
- 油菜籽油…25公克
- 甜菜糖（或是楓糖）…30公克
- 鹽…少量
- 香草萃取物（或是蘭姆酒）…1小匙

C
- 杏仁片…喜歡的分量

・水果乾費南雪蛋糕

改成50公克豆腐製作麵團，分別裝到六個紙模內 e，放上水果乾、無花果乾等較柔軟的乾燥水果，放到冰箱冷藏半小時，等乾燥水果吸收水分膨脹後再來烘烤。

・抹茶費南雪

在材料A加$\frac{1}{2}$小匙的抹茶，補上5公克的甜菜糖，以相同步驟製作。

蛋糕・人氣款

覆盆子費南雪

濃郁的費南雪加上酸酸甜甜的覆盆子，
變身可愛又美味的甜點。

烤出香濃的費南雪蛋糕後放上覆盆子，淋上水嫩果醬，散發出光澤。

雖然簡單，卻在端上桌的瞬間會讓大家發出「哇～」的驚呼聲。使用冷凍覆盆子時，只要迅速將熱騰騰的果醬淋在冰凍的覆盆子上，就不會出太多水。

a

20分

25分

1. 用跟費南雪蛋糕（第五十二頁）1.~3.相同步驟製作麵團，用湯匙舀入紙模，放上杏仁片，用手指輕壓讓表面平整（覆盆子比較好放）。放到已經預熱到170度的烤箱中，烘烤10分鐘後調到150度，續烤15分鐘，進行冷卻。

2. 將草莓果醬過濾後調整到50公克，放入約5顆覆盆子後壓爛（讓顏色鮮豔）。移到小鍋內倒入洋菜粉，用小火煮到冒泡，整體冒出細小的氣泡後熄火。

3. 用湯匙將2.一點點塗在冷卻後的費南雪表面 a，各放上5～6顆覆盆子，從上方淋下2. b。讓每一顆都覆蓋果醬，迅速完成以避免覆盆子水分流出（若為冷凍覆盆子，則要在解凍前迅速完成）。

b

（六個紙模量）

A
- 費南雪麵團（第五十二頁）…同食譜分量
- 杏仁片…喜歡的分量
- 覆盆子（冷凍也可）…30～36顆

b
- 增添光澤用的膠狀果醬
- 草莓果醬（過濾之後）…50公克
- 覆盆子（冷凍也可）…約5顆
- 洋菜粉…$\frac{1}{8}$小匙

美味手感Plus+

用跟費南雪蛋糕（第五十二頁）1.~3.相同步驟製作麵團，用湯匙舀入紙模內，各放上3顆覆盆子。放到已經預熱到170度的烤箱中，烘烤10分鐘後調到160度，續烤20分鐘。剛烤好的時候既香又脆，覆盆子融化成濃稠狀，無比可口。

蛋糕・經典款

全麥薄烤餅

使用五十%的全麥麵粉，卻還有鬆軟口感。
冷卻後也不會變硬的薄烤餅。

要讓這款薄烤餅有鬆軟口感的重點如下：
一，將麵團放一段時間，讓水分確實被吸收。二，煎的時候用中火。
三，趁氣泡較少時翻面。若用小火慢煎，會變得又薄又硬，而麵團之所以不使用甜味劑，是因為這樣較不容易烤焦，可用較大的火力。要是等到出現許多氣泡再來翻面，發粉反應結束，麵團會變得較乾，翻面後完全無法膨脹，變成乾巴巴的薄烤餅。

5分

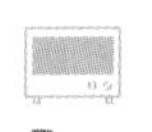

1分

1. 把 A 放到攪拌碗內，用攪拌器攪拌到出現膨鬆感。
2. 讓中央凹陷下去之後將 B 倒入，用攪拌器從中央往外攪拌，確實混合到出現光澤為止 **a**。
3. 用保鮮膜蓋住攪拌碗，在冰箱冷藏約20分 **b**。
4. 加熱平底鍋，刷上些許的油菜籽油（分量外），用鍋鏟將 3. 攤成直徑約12公分左右的圓形，以中火煎烤。出現數個小氣泡後 **c** 馬上翻面，讓另一面受熱。務必在氣泡較少時翻面（ **d** 是錯誤示範）。

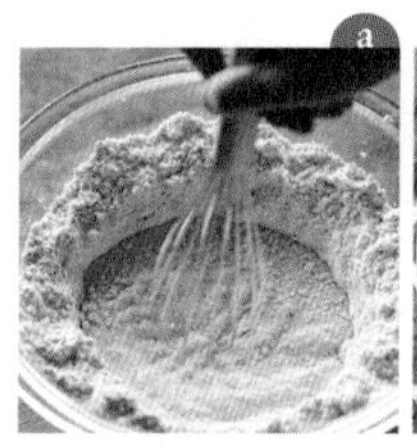
a

b

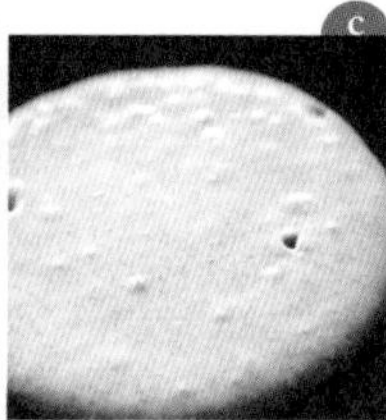
c

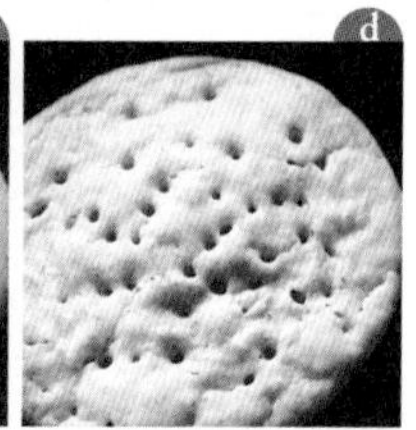
d

（直徑約12公分，約六至八片）

A
- 低筋麵粉…100公克
- 全麥麵粉…100公克
- 發粉…2小匙
- 鹽…$\frac{1}{4}$小匙

B
- 豆漿…300～350公克
- 油菜籽油…20公克

Q
麵團要是有剩，可以隔天再烤嗎？

A
放到隔天會讓膨脹結果變差。可以在麵團補上一些豆漿，煎成全麥可麗餅享用。

・美味協奏曲

跟楓糖漿或豆漿鮮奶油起司（第一〇九頁）、果醬等配料一起享用。

甜度不高，因此也能當作餐點。趁熱搭配橄欖油、鹽。

・芝麻薄烤餅

在材料 A 加上2大匙的黑芝麻，以相同方式製作。

蛋糕・經典款

無花果布朗尼

20 分

35 分

布朗尼在麵團完成後須放置半小時，
這樣可以讓乾燥無花果吸收水分，膨脹成水嫩果肉，
同時也增添蘭姆酒香氣。
麵團則可以藉此排除多餘水分，
在變得更加香濃的同時，也有無花果風味。

另外，讓油菜籽油跟豆腐確實乳化，
讓蛋糕在烘烤後一段時間內，也不會變得乾硬或太油。
就算沒有奶油，還是可以擁有溼潤美味的口感。

Q
我想用磅蛋糕的模具製作，可以嗎？

A
這款麵團的內部較不易熟，用較淺的模具製作較好。

用較大的磅蛋糕模具，配合較淺的深度烘烤，這樣比較不會有問題。

用無花果帶來口感，
大人感的布朗尼

無花果布朗尼的製作方法

盡可能減少發粉分量，
變身香濃風味。

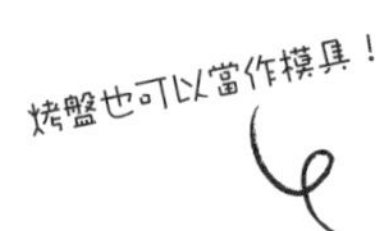

將粉混合

把 A 放到攪拌碗內，用攪拌器拌勻，避免結塊成團。

將豆腐跟油混合

將豆腐放到另一個攪拌碗內，以抵住碗底的感覺壓爛，攪拌到變成泥狀為止。將油菜籽油一點點加入使其乳化。將 C 也加入，確實混合到甜菜糖溶化為止。

（直徑18公分方型模具一片）

A
- 低筋麵粉…90公克
- 可可粉…30公克
- 杏仁粉…30公克
- 發粉…1小匙

B
- 絹豆腐…180公克
- 油菜籽油…60公克

C
- 蘭姆酒…15公克
- 甜菜糖（或是楓糖）…70公克
- 蜂蜜（或是龍舌蘭糖漿）…2大匙
- 鹽…1小撮

D
- 乾燥無花果…150公克

混合

把❷加到❶，用攪拌器混合整成麵團，分成4分後放入D，用塑膠鏟迅速混合。

醒麵

將保鮮膜蓋住麵團，放在冰箱冷藏半小時，將麵團放進鋪有烤盤紙的模具內。

烘烤

將保鮮膜蓋住麵團，放在冰箱冷藏半小時，將麵團放進鋪有烤盤紙的模具內。

脫模

脫模後放到蛋糕用的冷藏箱內，冷卻到適當溫度後，趁還留有餘溫時裝到塑料袋中密封。可在常溫之中保存三天。可分切享用。

POINT

用敲槌方式搗爛豆腐

▼

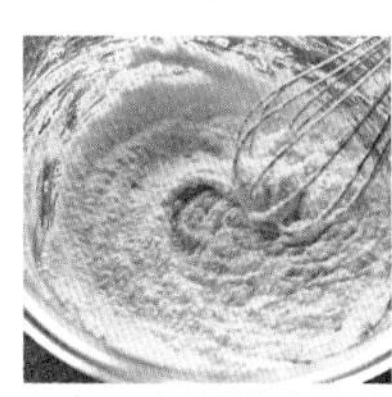
確實混合到變成泥狀為止

▼

將油菜籽油一點點倒入以乳化

放進鋪有烤盤紙的模具內

用塑膠鏟將表面抹平

美味手感Plus+

・無花果×杏仁布朗尼

在❹的作業讓麵團冷藏後，加上50公克的杏仁繼續步驟。

・巧克力鮮奶油布朗尼

用100公克的碎胡桃取代乾燥無花果，在3.的步驟加入，麵團不用放置冷藏，直接烘烤。冷卻到可以加工後，在表面塗上巧克力卡士達鮮奶油（第九十三頁），放到冰箱冷藏使其滲透。風味非常濃郁，可切小片享用。

Cake!

蛋糕・保存款

白蘭地巧克力蛋糕

溼潤且濃厚的大人專屬風味。
放置兩晚後，是享用的最佳時刻。
小片小片切下，讓幸福延長好幾天。

趁蛋糕剛烤好，淋上冰冰涼涼的白蘭地糖漿，直接密封，最少要兩天，開封後……

糖漿完全滲入蛋糕，讓人驚喜的溼潤又濃厚的甜美滋味。請務必切成小片品嘗，這款蛋糕可以保存一段時間，最適合放在漂亮的容器中當作禮物。只是對於不大喜歡酒類的人，得注意是否合乎口味。

15分

35分

1. 把 A 放到攪拌碗內，用攪拌器拌勻，避免結塊成團。
2. 將豆腐放到另一個攪拌碗內，跟無花果布朗尼（第六十頁）的2.一樣，跟油菜籽油乳化後倒入 C ，攪拌到甜菜糖確實溶化為止。
3. 把1.加到2.，用塑膠鏟迅速攪拌完全融合，將麵團倒進鋪有烤盤紙的烤盤，放到已經預熱到170度的烤箱烤35分鐘。烤好之後用竹籤刺入，若沒有麵糊感即成功。
4. 混合 D ，趁蛋糕出爐，整體淋上。冷卻到可作業溫度後，連同烤盤紙一起包起，放進塑料袋中密封。冬天常溫，夏天則是冰箱內冷藏保存七天。

＊在3.的步驟烤10分鐘後取出，用菜刀等工具劃上切痕再放回烤箱中烤25分鐘，可像左圖一樣有美麗外觀。

a

（直徑20公分的磅蛋糕模具一個，或是直徑18公分的蛋糕模具一個）

A
- 低筋麵粉…75公克
- 可可粉…30公克
- 杏仁粉…45公克
- 發粉…2小匙

B
- 絹豆腐…150公克
- 油菜籽油…60公克

C
- 檸檬汁…15公克
- 甜菜糖（或是楓糖）…80公克
- 鹽…1小撮

D
- 白蘭地…35公克
- 楓糖漿…35公克

※本圖為使用長25公分寬4公分的細長磅蛋糕模具，跟分量一點五倍的材料製作。

Q
我不是很喜歡酒，但還是很想試試看，該怎麼做呢？

A
減少糖漿內白蘭地分量，補上等量的水。

香蕉蛋糕

蛋糕・經典款

20分

45分

將較硬的香蕉搗至黏稠，可取代雞蛋；
用內部所含的大量空氣使蛋糕膨脹，並產生鬆軟感。

淋在香蕉上的果汁，不光是留住香蕉的顏色，
還可讓發粉跟果汁內的酸產生反應，進而讓麵團膨脹。
用橘子汁製作可讓蛋糕呈現漂亮的顏色，並且不會留下果汁味。
另外，將蛋糕外表烤到酥脆後淋上增添光澤用的糖漿，
可讓內外全溼潤鬆軟，同時也防止乾燥，延長蛋糕保存天數。

環型模具或奶油蛋糕模具等，用中央留有空洞的模具烘烤，可有鬆軟口感；
若是用磅蛋糕的模具製作，則可以獲得奶油蛋糕般的口感。
風味持久，讓它成為送禮的好選擇。

Q
為什麼豆腐跟油會分離？

A
將油一點點加入豆腐，用攪拌器確實混合。每次先等乳化後，再加油。

剛烤好時外表酥脆，淋上增添光澤用的糖漿可有溼潤口感。

香蕉蛋糕的製作方法

咬一口
就有滿滿香蕉香氣。

篩粉

將濾網擺在攪拌碗的上方，把A倒到濾網內，用攪拌器輕輕攪拌，讓粉可以從濾網掉落，最後用手輕拍讓粉全部掉進攪拌碗內（將成塊的粉拿掉，較易混合）。

混合豆腐跟油

將豆腐放到另一個攪拌碗內，用跟無花果布朗尼（第六十頁）❷相同方法，讓油菜籽油乳化，加上甜菜糖跟鹽，攪拌到甜菜糖確實溶化為止。

• **檸檬香蕉蛋糕**（第六十九頁）

將增添光澤用的糖漿換成檸檬鮮奶油（第七十八頁），就會成為檸檬香蕉蛋糕。將剛出爐的檸檬鮮奶油淋在完全冷卻的香蕉蛋糕上，外型將更美觀。

• **香蕉水果蛋糕**（第六十八頁）

用【60公克的蘭姆葡萄乾＋50公克的胡桃＋1小匙的肉桂粉】來取代材料D的30公克堅果，以磅蛋糕的模具烘烤。不喜歡酒則可將喜歡的乾燥水果泡在熱紅茶中（建議使用伯爵茶），放置一晚瀝乾使用。可以用直徑15公分的磅蛋糕模具分成兩條烘烤，會比較順利。

（直徑18公分的環型蛋糕模具一個）

A
- 低筋麵粉…150公克
- 發粉…2小匙

B
- 絹豆腐…40公克
- 油菜籽油…65公克
- 甜菜糖（或是楓糖）…60公克（按照香蕉的甜度調整）
- 鹽…1小撮

把香蕉搗爛

將去皮、切片的香蕉放到較小攪拌碗內，淋上橘子汁，用叉子背面迅速壓爛後，用攪拌器確實混合至黏稠。

混合

把❷加到❸，用攪拌器攪拌，在此將❶一口氣倒入，用攪拌器劃個四到五次讓粉散開，用塑膠鏟從底部一口氣翻起，攪拌至完全沒有粉感。將D也加入，稍微混合。

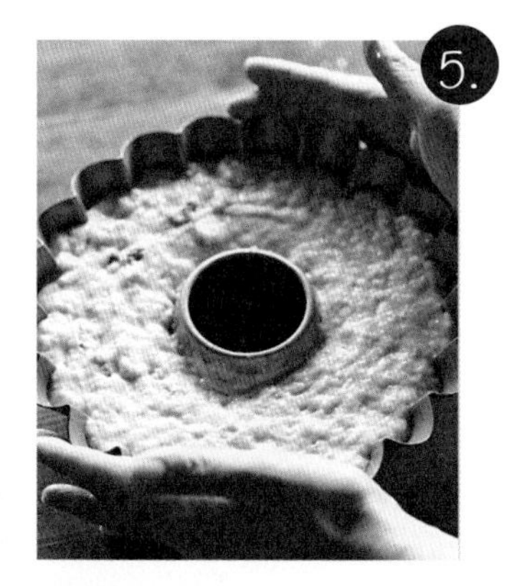

烘烤

將麵團裝到模具內，輕輕晃動模具讓麵團表面平整，並且讓麵團中央的部分凹陷下去（中央膨脹的程度最高，這樣做可使成品更加美觀）。放到已經預熱到170度的烤箱中烘烤45分鐘。烤好後放到蛋糕用的冷藏箱內，冷卻到適當溫度。

倒上糖漿

把E倒到小鍋子，一邊用湯匙將果醬壓爛的方式混合，一邊用小火煮沸。整體出現細小氣泡與濃稠感後熄火，用刷子迅速塗在整個蛋糕。不用分切直接包起，可在常溫保存約五天。

POINT

將香蕉確實搗爛，以變得黏稠

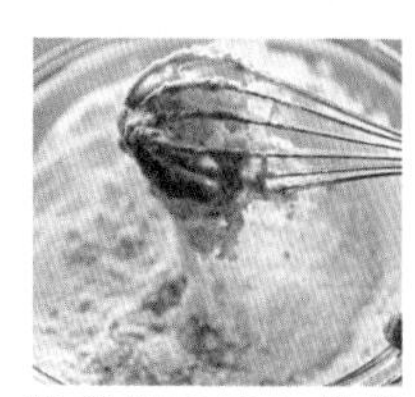

將攪拌器插入後提起，用柄端輕敲攪拌碗邊緣讓麵團掉落

用攪拌器劃個4～5次讓粉散勻

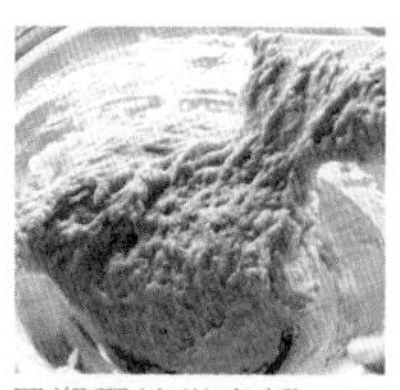

用塑膠鏟從底部一口氣翻起，以將空氣混入的感覺來攪拌

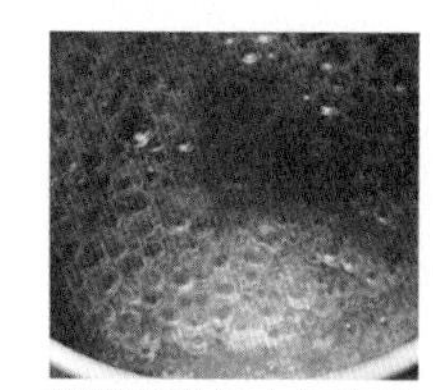

整體出現細小氣泡跟濃稠感後，便可熄火

C
- 香蕉（較硬的）…120公克
- 橘子汁（或是蘋果汁）…50公克

D
- 胡桃、杏仁等自選堅果…30公克

E
- 增添光澤用的糖漿
- 洋菜粉…$\frac{1}{2}$小匙
- 杏子果醬…30公克
- 楓糖漿…30公克
- 橘子汁（或是蘋果汁）…20公克

Q
為什麼沒辦法將檸檬鮮奶油漂亮塗上？

A
與其將檸檬鮮奶油一點點塗上，不如一口氣淋上，可以進行較順利。蛋糕完全冷卻後，再將熱騰騰的檸檬鮮奶油一口氣倒上（參閱前言下方圖）。

檸檬香蕉蛋糕

（製作方法參閱第六十六頁）

香蕉水果蛋糕

（製作方法參閱第六十七頁）

Q
可用較大的磅蛋糕模具製作嗎？

A
用較大的磅蛋糕模具烘烤，較容易讓麵團變得太密實。想使用較大模具時，建議使用像環型這一類中央有洞的模具。

Tarte

做好塔的台座與鮮奶油等備料後，再組合而成的甜點。
各種材料都能單獨享用，或是放在桌上讓大家自由搭配。
色彩繽紛的材料在桌子上齊聚一堂，
瞬間組合成豪華的塔，使大家發出驚喜的歡呼。

酥脆塔皮

塔・基本款

10分

25分

用酥脆塔皮來製作
各式各樣的塔！

只要十分鐘就能完成麵團，
非常簡單。
讓油菜籽油溶化在花生醬，
用攪拌器將粉類混入取得鬆散質感，
就算不使用奶油也能成為酥脆塔皮。

烤好後不會縮水，
因此沒必要醒麵，也不需要使用塔石。
保存在密封的容器內，隨時都能享用美味的塔。

Q
雙手溫度比較高的人，
為什麼要使用攪拌器？

A
麵粉等的溫度若上升，較容易形成麩質，烤好的塔皮將失去酥脆口感。

酥脆塔皮的製作方法

不用醒麵直接烘烤，酥脆又簡單的塔皮。

混合粉類

把 A 放到攪拌碗，用攪拌器拌勻，避免結塊成團。

混合油類

把 B 的油菜籽油跟花生醬確實混合（用來取代奶油）。

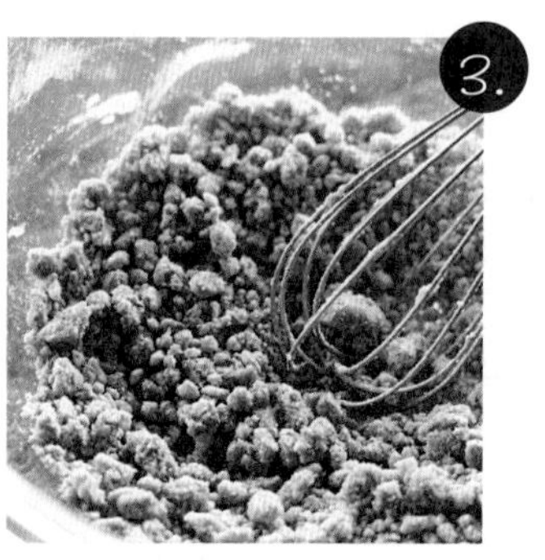

將油倒入

把❷加到❶，用攪拌器混合成如圖的顆粒狀。確實攪拌麵粉完全融入（麵團若是黏住，只要左右用力晃動即可）。

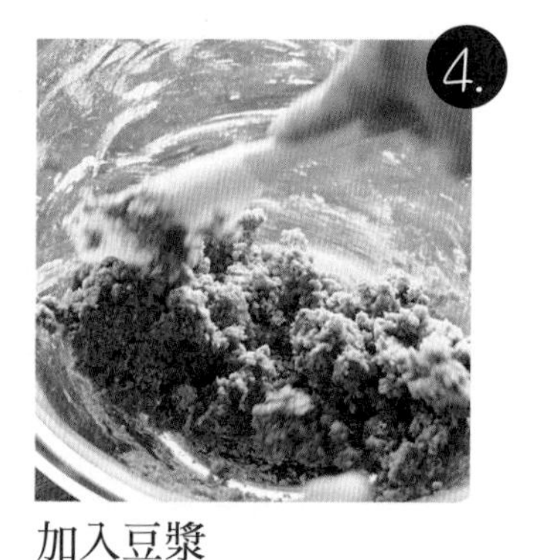

加入豆漿

倒入豆漿，用塑膠鏟將麵團整形。

材料

（直徑18公分的塔型模具一個）

A
- 低筋麵粉…60公克
- 全麥麵粉…60公克
- 甜菜糖（或是楓糖）…20公克
- 鹽…2小撮

B
- 油菜籽油…40公克
- 花生醬（或是白芝麻糊）…10公克
- 豆漿…15～20公克

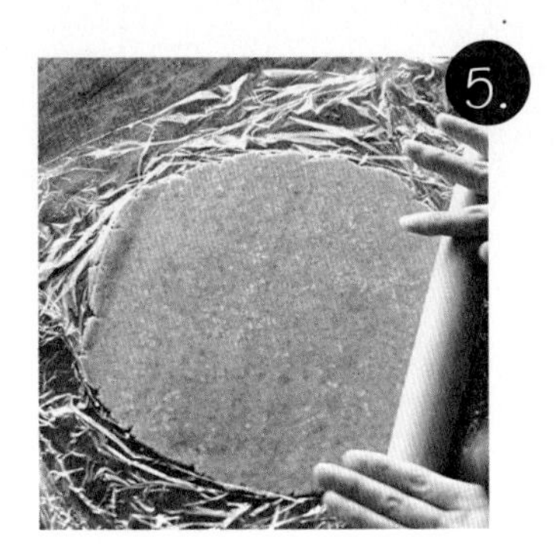

鋪到模具內

用兩片保鮮膜包好麵團，稍微整理後，用擀麵棍擀到約0.4公分厚，鋪到模具內（在模具內塗上油菜籽油，較容易脫模）。用擀麵棍在麵團上方滾過，去除多餘麵團。

烘焙

用叉子戳洞，放到已經預熱到180度的烤箱中，烘烤10分鐘後調到160度，續烤15分鐘，或是烤到酥脆為止。冷卻到適當溫度後，脫模（剛出爐時脫模容易碎裂）。

POINT

透過攪拌器，就算是雙手溫度較高的人也能順利完成（雙手溫度較低的人可以直接用手）

用模具檢查麵團大小

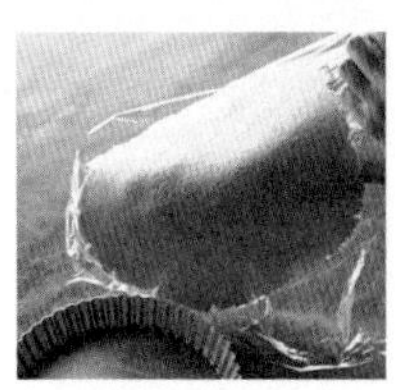

撕下保鮮膜，從下方拿起麵團，蓋在模具上

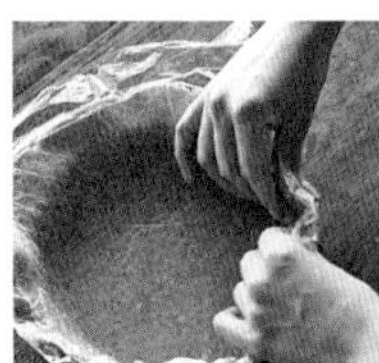

小心鋪上，不要留下任何空隙

用擀麵棍滾過，去除多餘麵團

慢慢撕掉保鮮膜

美味手感Plus+

用小塔模具製作時，可以用小塔模具按在❺擀過的麵團上定型 a。將麵團塞到模具內，用手指整好形狀 b。讓邊緣整齊，完成後會形成美麗外表 c。用叉子戳洞 d，跟❻一樣進行烘烤。

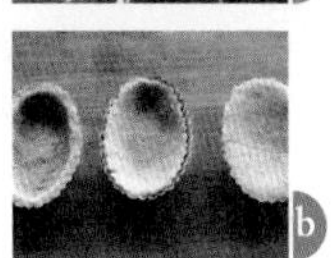

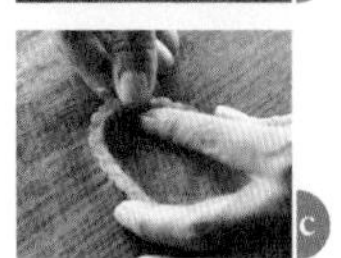

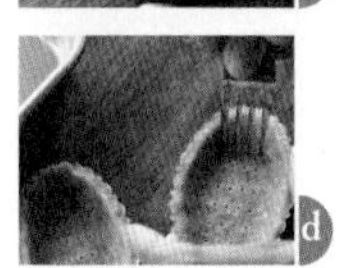

果醬塔（第七十七頁）

在小塔模具製作的酥脆塔皮上，放上膠狀果醬（第七十六頁）。

檸檬塔（第七十九頁）

用小塔模具所製作的酥脆塔皮，搭配檸檬鮮奶油（第七十八頁）。

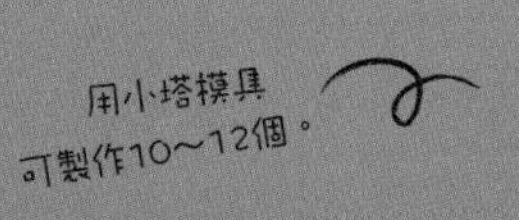

Surprise!
甜·點·配·料·

膠狀果醬

把洋菜粉加到市面上所販賣的果醬中煮沸，光是這樣就能用於果醬夾心餅乾（第二十一頁）、果醬塔（第七十七頁）等各式甜點。倒進便當等容器，凝固後以刀子分割，就是下午茶中令人高興的茶點果凍。請使用具有新鮮水果風味的果醬製作。

材料（容易製作的分量）

喜歡的果醬（未添加砂糖）…100公克

洋菜粉…$\frac{1}{4}$小匙

膠狀果醬製作方法

1 把果醬跟洋菜粉倒到鍋內，攪拌均勻，一邊用小火加熱一邊不斷攪拌，煮到整體持續冒泡 a 後熄火。

2 冷卻到適當溫度後，趁還留有微溫時（冷掉會變硬）裝到塔內 b 或是用餅乾夾起。當作茶點來享用時，則是裝到容器之中冷藏凝固。可在冰箱冷藏保存四、五天。

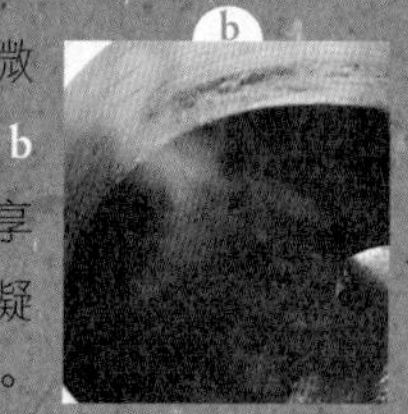
b

＊想再次變軟的時候，可倒進鍋內用最小火加熱。

Q
填入果醬後，塔皮為什麼變得溼答答？

A
若是果醬太熱時裝入，會花較多時間凝固，塔皮會因果醬水分而變得太溼。在冷卻到適當溫度後，趁還留有微溫時填入。

Surprise!
甜·點·配·料·

檸檬鮮奶油

純植物性、不使用雞蛋跟奶油的檸檬鮮奶油。

加上薑黃粉就有淡淡的雞蛋色，不使用依舊美味。加太多的話反而會讓味道變壞，因此只要一點點即可。使用有機起酥油，會在冰箱冷藏後變硬，讓檸檬鮮奶油得到特殊口感，沒有的話可以用油菜籽油代替，也很美味。

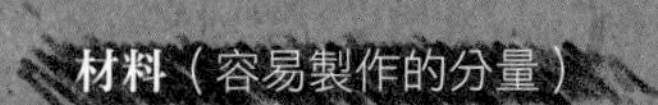

材料（容易製作的分量）

A
豆漿…100公克
葛粉…5公克
鹽…1小撮
薑黃粉…極少量

B
蜂蜜（或是龍舌蘭糖漿）…60公克
檸檬汁…20公克（約$\frac{1}{2}$顆檸檬）

C
有機起酥油…50公克
（或是油菜籽油30公克）
檸檬皮（磨碎）…$\frac{1}{2}$顆
（或是檸檬萃取物$\frac{1}{2}$小匙）

＊用油菜籽油製作時，在A加上【洋菜粉$\frac{1}{2}$小匙】。

製作方法

1 把 A 倒到鍋內，確實攪拌溶化，用中火加熱。

2 煮沸後 a 調成小火，用木鏟邊攪拌邊煮3分鐘（確實讓水分蒸發，稍後加上蜂蜜也能維持濃稠感）。

3 倒入 B，攪拌均勻，用小火煮沸後熄火。

4 把 C 加入，用攪拌器乳化 b 。稍微冷卻到適當溫度，趁還留有餘溫的時候裝到塔內 c 或是淋在蛋糕上。保存時直接冷藏凝固。

a
c
b

Q
為什麼用油菜籽油來製作檸檬鮮奶油，結果卻會太稀？

A
使用油菜籽油時，就算冷卻也不會凝固，
所以要加上洋菜粉。

Tarte!

杏仁鮮奶油塔

塔・基本款

濃郁的杏仁鮮奶油，
加上酥脆塔皮的簡單組合。

在杏仁鮮奶油（第九十三頁）加上檸檬汁跟少量發粉，以獲得鬆軟感。裝到小塔中烘烤，讓麵團中央稍微往外突出，形成花朵般的可愛甜點。放到隔天風味依然不減，很適合用來送禮。也可以用食譜兩倍的分量製作杏仁鮮奶油，搭配十八公分塔皮，變身華麗的塔。

20分

30分

1. 將檸檬汁跟發粉加入杏仁鮮奶油 a，
   用攪拌器攪拌均勻。
2. 用酥脆塔皮（第七十四頁）❶～❹的步驟製作麵團後擀平，鋪到模具內用叉子戳洞 b，把 1. 倒進去 c。
3. 撒上杏仁片，放到已經預熱到170度的烤箱，烘烤10分鐘後調到160度，續烤20分鐘，或烤到呈現金黃色為止。

a

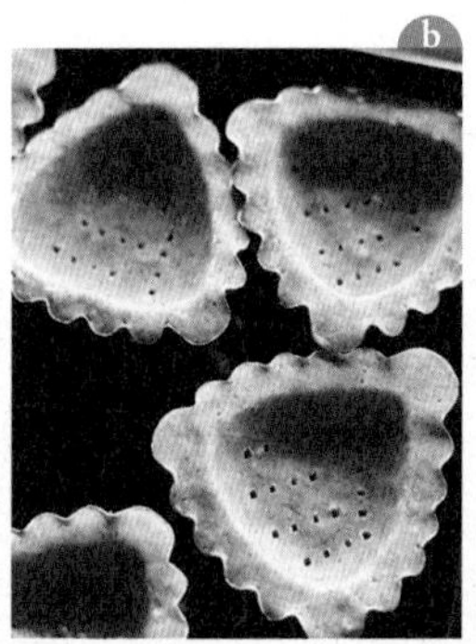
b

c

材料
（約六個量）

A
- 酥脆塔皮（第七十四頁）…食譜分量的$\frac{1}{2}$

B
- 杏仁鮮奶油（第九十三頁）…同食譜分量
- 檸檬汁…$\frac{1}{2}$小匙
- 發粉…2小撮（沒有也可以）

C
- 杏仁片…酌量

Q
用大型塔模具製作時，
烘烤時間跟溫度也一樣嗎？

A
請依照麵團厚度調整時間。
若是用十八公分的塔模製作，則一樣即可。

塔・經典款

水果塔

將卡士達鮮奶油填入塔皮，
並放上喜歡的水果。

就算突然有訪客來臨，只要事先將塔皮準備好，就沒有問題。

將塔皮、鮮奶油、水果擺到桌上，讓大家自由組合，享受鮮奶油的柔滑跟塔皮的酥脆。可以選擇較軟的水果搭配，覆盆子、桃子、西洋梨等，都很值得推薦。

10分

25分

1. 塔皮冷卻到適當溫度後，將卡士達鮮奶油裝入 a，放上喜歡的水果 b。

a

b

美味手感Plus+

・**熱卡士達塔**

把剛出爐熱騰騰的卡士達鮮奶油（第九十二頁）填入酥脆塔皮，撒上肉桂粉立即享用，讓人欲罷不能。

材料
（小塔模具八～十二個量）

A
酥脆塔皮（小塔模具、第七十四頁）…同食譜分量
卡士達鮮奶油（第九十二頁）…同食譜分量
喜歡的水果…酌量

Q
可以在前一天先做好放著嗎？

A
在卡士達鮮奶油中加入$\frac{1}{3}$小匙洋菜粉就沒問題。

塔·經典款

香蕉巧克力塔

巧克力鮮奶油與香蕉、杏子果醬百搭。
稍微滲入再享用，可品嘗到美妙的風味。

製作巧克力卡士達鮮奶油時加上些許的洋菜粉，趁還留有餘溫時填入塔皮，確實凝固後切割出整齊外觀。另外，用杏子果醬製作成增添光澤用的糖漿，淋到香蕉上，就算放置一段時間香蕉也不會變黑。用藍莓取代香蕉也OK，將杏子果醬換成藍梅果醬、橘子汁換成蘋果汁會更搭。

1. 在巧克力卡士達鮮奶油（第九十三頁）的 B 中加入洋菜粉，以相同方式製作，趁還留有餘溫時填入酥脆塔皮內。
2. 將檸檬汁淋在香蕉上面切片 a，以放射狀擺在 1. 的上面 b。
3. 把 C 倒到小鍋子內，一邊以用湯匙將果醬壓爛的感覺來攪拌，一邊用小火煮沸。整體出現細小氣泡與黏稠感後熄火 c，用刷子或湯匙塗在所有香蕉上 d。

10分

25分

＊用直徑18公分的塔型模具一個量。

（直徑13公分的塔型模具兩分）

A
- 酥脆塔皮（直徑13公分塔型模具2個、第七十四頁）…同食譜分量
- 香蕉…約3根
- 檸檬汁…適量

B
- 巧克力卡士達鮮奶油（第九十三頁）…同食譜分量
- 洋菜粉…$\frac{1}{3}$小匙

C
- 增添光澤用的糖漿　杏子果醬…30公克　橘子汁（或是蘋果汁）…20公克
- 洋菜粉…$\frac{1}{2}$小匙　楓糖漿…30公克

Q
為什麼塔皮沒有酥脆口感？

A
若烘烤時間不足，將失去酥脆口感，
請將延長烘烤時間。

塔・經典款

蘋果塔

自己品嘗或送禮宴客，
都非常吸引人。

因為蘋果會先煮過，因此不論哪種品種都可以；若蘋果的酸味較少，煮的時候多加一點檸檬汁，甜度較低的話則可增加甜味劑。就算是放置較久、較乾澀的蘋果，只要切好後放進鹽水泡約五分鐘，就可以去除澀味。只是不管使用哪種蘋果，都不可以煮太久，這是重點。

10分

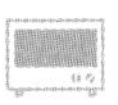
25分

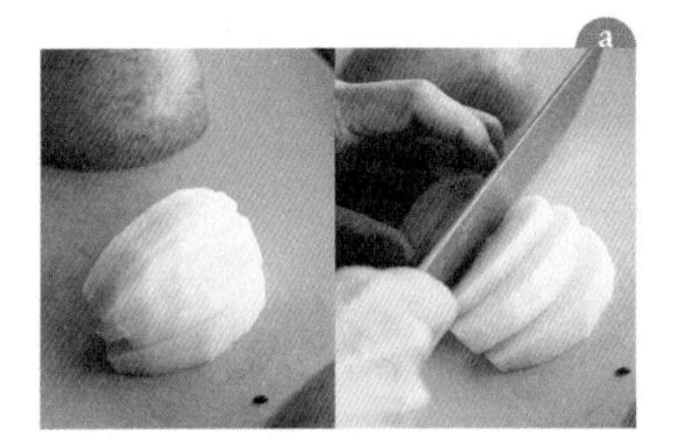

1. 四等分切蘋果，再各切成0.5公分片狀 a，放到鍋內加入 C。用大火加熱，煮沸後轉小火，3分鐘後直接放著冷卻。
2. 在卡士達鮮奶油（第九十二頁）的 B 材料中加入洋菜粉，以相同方法製作，趁還留有餘溫時填入塔皮。把 1. 瀝乾，排到鮮奶油上 b。
3. D 倒到小鍋子內攪拌均勻，用中火加熱，煮沸後 c 轉小火，續煮2分鐘，趁熱用刷子塗在 2. 的蘋果整個表面上 d。

材料
（直徑18公分的塔型模具一個）

A
- 酥脆塔皮（直徑18公分的塔型模具、第七十四頁）…同食譜分量
- 蘋果（小）…2顆（淨重約300公克）

B
- 卡士達鮮奶油（第九十二頁）…同食譜分量
- 洋菜粉…$\frac{1}{3}$小匙

C
- 蘋果汁…150公克　檸檬汁…10公克
- 蜂蜜（或是龍舌蘭糖漿）…10公克
- 鹽…1小撮

D
- 增添光澤用的糖漿
- 煮蘋果的湯汁…80公克
- 葛粉…$\frac{1}{3}$小匙　檸檬汁…5公克
- 洋菜粉…$\frac{1}{3}$小匙
- 蜂蜜（或是龍舌蘭糖漿）…15

Q
除了蘋果，
有什麼水果比較容易搭配？

A
用西洋梨也非常美味。

溫和的蘋果塔，是屬於秋天的甜點，
用蘋果來創造出美麗的風景。

莓果塔

塔・節日篇

10 分

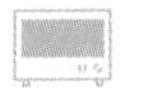
30 分

塔皮、杏仁鮮奶油、卡士達鮮奶油、水果、
增添光澤用的膠狀果醬……
目前所介紹的素材，全都可用在這道豪華的甜點。

製作也不複雜，幾乎只是組合各種材料而已。
趁有時間時準備好鮮奶油跟塔皮，
製作時只要轉眼即可完成。

依序疊上各種材料，
看著美麗又豪華的塔漸漸完成，
是有趣又有成就感的工作。

Q
沒有卡士達鮮奶油也可以嗎？

A
當然可以。請準備大量增添光澤用的膠狀果醬，先鋪上薄薄的一層果醬，放上水果再淋上增添光澤用的膠狀果醬，就可以了。

莓果塔的製作方法

比往常還要多花一點功夫，美麗又豪華的塔。
在生日等特殊的日子，請務必動手試試看。

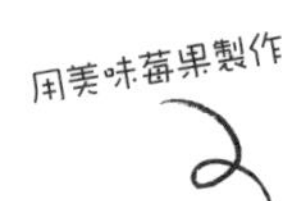

製作麵團

用跟酥脆塔皮（第七十四頁）❶~❺相同步驟製作麵團，鋪入模具，用叉子戳洞（在模具內塗上油菜籽油，較容易脫模）。

將鮮奶油倒入

將杏仁鮮奶油（冷卻後）填入麵團。

（直徑18公分的塔型模具一個）

A
- 酥脆塔皮（第七十四頁）…同食譜分量
- 杏仁鮮奶油（第九十三頁）…同食譜分量
- 卡士達鮮奶油（第九十二頁）…同食譜分量
- 喜歡的莓果…約400公克

B
- 增添光澤用的膠狀果醬
- 草莓果醬（過濾）…100公克
- 覆盆子（冷凍也可）…約10顆
- 洋菜粉…$\frac{1}{4}$小匙

烘烤

放到已預熱到170度的烤箱，烘烤10分鐘後調到160度，續烤20分鐘。烤到呈現金黃色為止，放到蛋糕用的冷藏箱內，冷卻到適當溫度。

鋪上鮮奶油

在塔皮內鋪上一層卡士達鮮奶油（冷卻過）。

製作增添光澤用的果醬

過濾草莓果醬，調整到100公克的分量。將約5顆的覆盆子放入之後壓爛（增添鮮豔的顏色）。倒入小鍋子，加上$\frac{1}{4}$小匙的洋菜粉，用小火煮沸，整體冒出細小的氣泡後熄火。

完成

先在卡士達鮮奶油上鋪一層莓果，用湯匙將5.淋上；再排上不同莓果，再次淋上增添光澤用的果醬。細心且迅速地進行，讓每顆莓果都淋到果醬。

POINT

放上喜歡的莓果

淋上膠狀果醬

再鋪上一層的莓果

淋上增添光澤用的果醬

切開可看到兩層鮮奶油的層次

美味手感Plus+

若改用小塔模具多作幾個，可製造出可愛的視覺效果。

沒有水果時，可將增添光澤用的果醬直接倒向卡士達鮮奶油上面。

Surprise!
甜·點·配·料·

卡士達鮮奶油

製作這款鮮奶油最大的祕訣，是在一開始就讓粉類溶於油菜籽油。

這樣就算沒有過篩也不會結塊，也不容易黏在鍋底，柔滑又充滿光澤。跟尺寸較大的塔搭配時，可在 A 加入$\frac{1}{3}$小匙的洋菜粉確實凝固，切割後留下整齊的表面。尺寸較小時，不加洋菜粉的柔軟口感會比較美味。除了塗在瑪芬、用比司吉（第十六頁）舀起來享用，還可以趁熱淋在香蕉上放到冰箱冷藏，變成有如果凍的香蕉卡士達。

材料（容易製作的分量）

A 低筋麵粉…25公克
油菜籽油…25公克

B 豆漿…250公克
甜菜糖（或是楓糖）…45公克

C 香草萃取物…2小匙
（或是香草莢$\frac{1}{2}$根）

製作方法

1 把 A 放到鍋內，用木鏟確實攪拌均勻、柔滑且發出光澤為止。

2 加入 B 加入確實混合，以中火加熱，不斷攪拌，煮沸後轉小火，以持續冒泡的狀態煮3分鐘後熄火。把 C 加入，確實攪拌均勻。

＊使用香草莢時，把豆莢內部擠出，跟B一起加入。

巧克力卡士達鮮奶油

用花生醬引出巧克力的濃郁風味，
加上可可粉的卡士達鮮奶油。

材料（容易製作的分量）

A
低筋麵粉…25公克
可可粉…12公克
油菜籽油…25公克

B
甜菜糖（或是楓糖）…55公克
豆漿…250公克
花生醬…1小匙

C
蘭姆酒…2½小匙

製作方法

跟卡士達鮮奶油相同方法製作，不喜歡酒則可在倒入蘭姆酒後煮沸，讓酒精蒸發。

杏仁鮮奶油

跟塔一起烤，形成濃郁芳香的鮮奶油。
只要將材料混合即可。

材料（容易製作的分量）

A
杏仁粉…50公克
低筋麵粉…10公克
鹽…1小撮

B
絹豆腐…40公克
油菜籽油…25公克
甜菜糖（或是楓糖）…35～40公克
蘭姆酒…1小匙

製作方法

1 把 A 加到比較小的攪拌碗內，用攪拌器確實混合。

2 將豆腐放到另一個攪拌碗內，用跟無花果布朗尼（第六十頁）❷相同方法，讓油菜籽油乳化。將甜菜糖跟蘭姆酒也加入，確實混合到甜菜糖完全溶化為止。

3 把 1 加入，用攪拌器畫圈混合到粉的感覺完全消失為止。直接使用也沒問題，放到冰箱冷藏一段時間，可讓甜菜糖確實溶化，風味更佳。

＊製作鮮奶油後不想花太多力氣的，請務必直接塗在土司上面，烤過之後享用看看。光是這樣，就可以成為美味無比的甜點麵包。

Scone

迅速製作，剛烤好時馬上拿來享用。

司康是最簡單卻又最為困難的甜點。

必須以充滿自信的動作，迅速完成所有作業。

首先預熱烤箱，趁這段時間迅速作好麵團，

烘烤時泡好茶，從冰箱內取出珍藏的果醬或鮮奶油。

光是簡單完成這些事項，

人生一半的煩惱應該都會消失不見。

司康・省時篇

玉米粉司康

5分

15分

五分鐘內用一個攪拌碗即可完成的司康餅。
先將油菜籽油跟粉類拌成鬆散的顆粒狀，再把豆漿倒入迅速整成麵團。

加上玉米粉可以讓麵團變得較輕爽，烤好後有鬆軟口感。
只是各項作業若未迅速進行，將無法順利完成。
麵團作好的階段若是出現層次，那就保證一定可以成功。
千萬別去觸碰切口，放到確實預熱好的烤箱之中，
就會形成酥軟的層次。
黃豆粉司康與黑麥水果司康（第一〇〇頁）也是用同樣方法製作。

Q
為什麼不可以觸摸斷面？

A
要是斷面的層次被打亂，就無法順利裂開形成如圖般的造型。

玉米粉司康的製作方法

外表酥脆、內部鬆軟的樸素風味。
在忙碌的早上也能輕鬆完成，陪伴在日常生活中的司康餅。

將粉混合

把 A 放到攪拌碗內，用攪拌器拌勻，避免結塊成團。

把油倒入

倒入油菜籽油，用攪拌器迅速混合成鬆散的顆粒狀（麵團若是黏住，只要左右用力晃動即可）。

加上豆漿

倒入豆漿，一邊轉動攪拌碗一邊用塑膠鏟迅速混合，將麵團整成一團（慢慢混合會不均勻）。

把麵團放在烤盤上，稍微將四個角整理一下。用刮刀將麵團切成兩半後重疊，重複兩次。

（直徑18公分的塔型模具一個）

A
- 低筋麵粉…100公克
- 玉米粉…25公克
- 甜菜糖（或是楓糖）…15公克
- 發粉…1小匙
- 鹽…2小撮

B
- 油菜籽油…30公克
- 豆漿…40公克（自行調整使用量）

分割

稍微整理成四角形之後切成四片（❹、❺要迅速完成，千萬不要觸碰斷面）。

烘焙

置於鋪有烤盤紙的烤盤上，放到已經預熱到200度的烤箱中，烤15分鐘。

POINT

以縱向切割

重疊

稍微整理成四方形

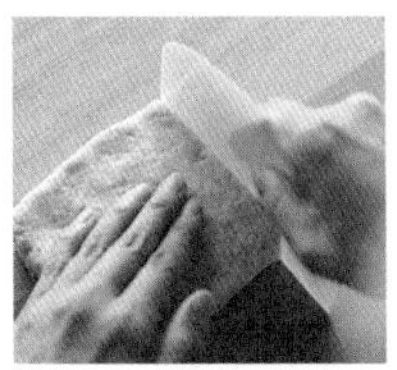
以橫向切割

重疊

稍微整理成四角形，切成四片

美味手感Plus+

在烤之前把豆漿塗在麵團表面，可形成光澤。

切成四角形也可以。

可以按個人喜好，在材料 A 加上胡椒或乾燥的九層塔；但請將甜菜糖分量改成10公克，鹽改成3小撮，即可成為餐點用的司康餅。

司康・省時篇

黃豆粉司康

用黃豆粉取得鬆軟口感的新風司康餅。
樸素的鄉村風味，讓人想跟煎茶一起享用。

（四個量）

A
- 低筋麵粉…100公克
- 黃豆粉…25公克
- 甜菜糖（或是楓糖）…15公克
- 發粉…1小匙
- 鹽…2小撮

B
- 油菜籽油…30公克
- 豆漿…45公克（需要調整）

1. 跟玉米粉司康（第九十八頁）的❶～❺相同步驟製作麵團。置於鋪有烤盤紙的烤盤上，放到已經預熱到200度的烤箱內，烤15分鐘。

塗上紅豆餡享用，或塗上黃豆粉奶油霜也很美味。

在把 A 加入1大匙的炒黑芝麻，就可以變身芝麻黃豆粉司康。

5分　15分

司康・省時篇

黑麥水果司康

用帶有些許酸味的黑麥麵粉，來搭配酸酸甜甜的乾燥水果。
口感扎實風味濃厚的司康餅。

（四個量）

A
- 低筋麵粉…100公克
- 黑麥麵粉…25公克
- 甜菜糖（或是楓糖）…15公克
- 發粉…1小匙
- 鹽…2小撮

B
- 油菜籽油…30公克
- 豆漿…40公克（需要調整）

C
- 喜歡的乾燥水果…30公克
- 蘭姆酒（或蘋果汁）…5公克

1. 乾燥水果沾蘭姆酒使其變軟。
2. 跟玉米粉司康（第九十八頁）的❶～❸相同步驟製作麵團。
3. 把乾燥水果放到砧板上，蓋上麵團，輕壓後整成四角形。跟玉米粉司康（第九十八頁）的❹～❺一樣，切割後重疊，重複兩次，稍微整理成四角形（迅速完成，不可觸碰斷面）。在此步驟加入乾燥水果，層次會比一開始就混入更佳。
4. 置於鋪有烤盤紙的烤盤上，放到已預熱到200度的烤箱中，烤15分鐘。

10分　15分

Q
買不到黑麥麵粉怎麼辦？

A
用全麥麵粉代替也可以。

乾燥水果不論是只有一種，還是將多種混合使用，都非常美味。杏子跟無花果等較大尺寸的果乾，可切成小塊。乾燥水果太硬時，可稍微增加蘭姆酒分量，太軟的話則減少。照片中使用的是醋栗跟鳳梨乾。

跟玉米粉司康作法相同，可自在變化和風或歐風。

司康・基礎篇

原味司康

不論是誰，都可以輕鬆做出司康特有的裂口。
外表酥脆、內部鬆軟，初學者也能順利完成，有如魔法一般的司康餅。

先將液狀材料全部混合，最後加入粉類的製作方式；重點在於透過檸檬汁的酸性成分，讓豆漿更濃稠，也讓油菜籽油更容易乳化。這樣可以讓油均勻散布於麵團中，避免出油。麵團切割後重疊所形成的層次，可讓發粉跟檸檬的酸性產生反應，迅速膨脹。第一次製作司康餅的人，建議可以將這道食譜當作入門。巧克力司康與香蕉司康（第一〇四頁）也是用相同方法製作。

10分

15分

1. 把A放到攪拌碗內，用攪拌器拌勻，避免結塊成團。
2. 把B放到較小的攪拌碗內，用攪拌器確實攪拌，使其乳化 a。
3. 把 1. 加到 2. b 一邊轉動攪拌碗，一邊用塑膠鏟迅速攪拌，將麵團整成一團 c。
4. 跟玉米粉司康（第九十九頁）❹、❺一樣切割後重疊，重複兩次，稍微整理成四方形。用4.5公分的圓型模具切成四小塊 d，收整其餘麵團後用模具再切一次，將剩下的麵團整理在一起再分割一次。原則上是用完麵團為止。
5. 放到鋪有烤盤紙的烤盤上，置於已預熱到200度的烤箱中，烤15分鐘。

a

b

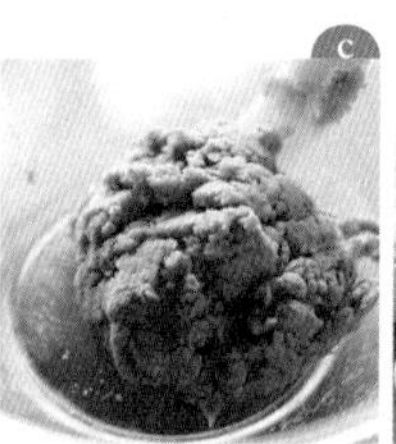
c

d

（六個量）

A
- 低筋麵粉…100公克
- 杏仁粉…25公克
- 甜菜糖（或是楓糖）…15公克
- 發粉…$1\frac{1}{3}$小匙
- 鹽…2小撮

B
- 油菜籽油…30公克
- 豆漿…40公克（需要調整）
- 檸檬汁…5公克

＊夏天可將B放到冰箱冷藏，製作會比較順利。

Q
司康不能切成三角形嗎？

A
當然可以。烘烤切成不同形狀的司康，也非常地美味。

美味手感Plus+

沾上大量的豆漿鮮奶油（第一〇八頁）或果醬。

在 2. 的步驟中加入30公克葡萄乾，以相同方式製作，即是水果司康。

司康・省時篇

巧克力司康

不論是誰都能做出擁有美麗層次的甜美司康餅。
放到隔天美味依舊不變，也很適合用來送禮。

（四個量）

A
- 油菜籽油…100公克
- 可可粉…15公克
- 杏仁粉…15公克
- 甜菜糖（或是楓糖）…30公克
- 發粉…$\frac{1}{3}$小匙
- 鹽…1小撮

B
- 油菜籽油…30公克
- 豆漿…45公克（需要調整）
- 檸檬汁…5公克

＊夏天可以將材料 B 放到冰箱冷藏，製作起來會比較順利。

1. 用跟原味司康（第一〇二頁）的❶～❹相同步驟製作麵團。將烤盤紙鋪到烤盤上，放到已經預熱到200度的烤箱內，烤10分鐘後調到180度，續烤5分鐘。

在進行「切割與重疊」步驟時，加上30公克的腰果。
在 A 加上$\frac{1}{2}$小匙的肉桂粉即是肉桂巧克力司康。

10分　15分

司康・省時篇

香蕉司康

濃郁的芳香讓孩子著迷。
如同瑞比司吉一般的口感，最適合當作點心享用。

（四個量）

A
- 低筋麵粉…100公克
- 全麥麵粉…25公克
- 甜菜糖（或是楓糖）…20公克
- 發粉…1又$\frac{1}{3}$小匙
- 鹽…1小撮

B
- 香蕉…50公克
- 油菜籽油…25公克
- 豆漿…20公克（需要調整）

＊夏天可以將材料 B 放到冰箱冷藏，製作起來會比較順利。

1. 用跟原味司康❶～❹同樣步驟製作麵團。把香蕉跟油菜籽油一起放到較小的攪拌碗內，用叉子確實壓爛，將豆漿倒入，乳化到鮮奶油狀後跟粉類混合。置於鋪有烤盤紙的烤盤上，放到已預熱到200度的烤箱中，烤15分鐘。

把全麥麵粉換成25公克的椰子粉，豆漿減少5公克，就會變成又香又好吃的香蕉椰子司康。

跟瀝乾的豆漿優酪乳或藍莓果醬一起享用。

10分　15分

Q

跟其他的司康相比，為什麼麵團感覺比較硬？

A

這款司康的糖分比其他的要多，烘烤後水分會增加，因此刻意讓麵團變得較硬，烤好之後硬度會剛剛好。

如果打算自己調整食譜，請務必把握先確實拌勻粉類的重點；堅果類在成型時加入，這是相當易掌握的祕訣。

司康・經典篇

全麥司康

充滿豐富礦物質與多彩風味的司康。
使用大量全麥麵粉，卻一點也不粗糙。
可以當作假日的午餐。

使用大量全麥麵粉的司康，將麵團放置一段時間，讓粉類確實吸收多餘水分再烤，這樣就不會乾燥粗糙。重點是將麵團放到冷凍庫內擱置，若是放在室溫，會讓發粉產生反應，使膨脹的程度變差。再加上冰冷的麵團比較好分割，可烤出外觀美麗的司康。

10分

15分

1. 把 A 放到攪拌碗內，用攪拌器拌勻，避免結塊成團。
2. 把 B 加入，用叉子一邊將起酥油壓爛，一邊混合成鬆軟的顆粒狀。
3. 把 C 加入後迅速混合。
4. 將麵團放到砧板上，用手 a 展開麵團 b 再聚合成團 c，重複三次。用手或刮刀整理成四方形（必須迅速完成）。蓋上保鮮膜後放到冰箱冷凍半小時，分割成四分 d。
5. 在表面塗上豆漿，置於鋪有烤盤紙的烤盤上，放到已預熱到220度烤箱中，烤15分鐘。

a

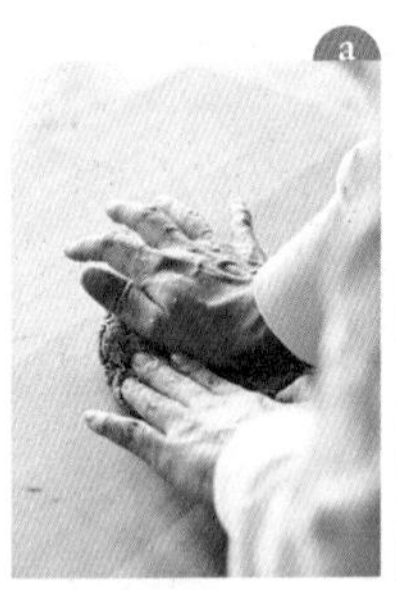

b

c

d

（四個量）

A
- 低筋麵粉…75公克
- 全麥麵粉…50公克
- 甜菜糖（或是楓糖）…15公克
- 發粉…$1\frac{1}{2}$小匙
- 肉桂粉…1小匙
- 鹽…3小撮

B
- 有機起酥油…25公克

C
- 豆漿…70公克（需要調整）

＊夏天可以將 B 放到冰箱冷藏，製作起來會比較順利。

Q
麵團是否可以不醒麵，就直接烘烤？

A
以這個食譜直接烘烤，口感不佳。若是想要直接烘烤，請降低全麥麵粉的分量。

美味手感 Plus+

在 4. 加入30公克胡桃，就會變成全麥胡桃司康。
若是加入葡萄乾比較容易烤焦，必須先切碎再使用，分量不超過25公克。

Surprise!
甜·點·配·料·

豆漿鮮奶油

不含有乳製品的純植物性奶油。

有機起酥油跟去除水分的豆漿優酪乳，透過麥芽糖（米糖）讓這兩者乳化。淡淡的酸味跟適當的硬度、溶於口中的感觸等，都跟正統的奶油相近，很受歡迎；只是有部分材料比較難以取得，因此也介紹代用的食譜。

材料（容易製作的分量）

豆漿優酪乳（第一〇九頁）…200公克
（沒有時請參閱代用的食譜）
有機起酥油…50公克
（沒有時請參閱代用的食譜）
糯米麥芽糖（米糖）…25公克
香草萃取物（或是磨碎的檸檬皮）…少量

製作方法

1 把豆漿優酪乳放到泡咖啡的濾紙內，在冰箱冷藏一晚後去除水分成濃稠的豆漿優酪乳 a（約75公克）。

2 將起酥油放到小碗內，用小的攪拌器攪拌，混合後加入麥芽糖（米糖），確實攪拌均勻。

3 一點點加入1使其乳化，最後加上香草萃取物。

a

豆漿優酪乳的製作方法

〔植物性乳酸菌跟保溫器的詢問資料〕
可於大多數有機食品店購買。

b

c

材料（一公升量）

豆漿（固態成分9%以上）…1公升
植物性乳酸菌…1袋

製作方法

把植物性乳酸菌 b 加入豆漿，放到專用的保溫器內 c 加熱，以40度放置六至八小時。可在冰箱冷藏保存四至五天。

代用食譜

沒有豆漿優酪乳時，可將200公克豆漿放到小鍋子內以小火加熱，溫度達約50度時熄火，加入10公克檸檬汁。凝固後用泡咖啡的濾紙去除水分去除，調整到75公克的分量，以此來製作「豆漿鮮奶油」或「豆漿鮮奶油起司」（下述）。

找不到有機起酥油時，雖然無法製作豆漿鮮奶油，但是將【1大匙油菜籽油、1大匙甜菜糖、鹽2小撮】加到75公克的去除水分的豆漿優酪乳，可製成美味的豆漿鮮奶油起司。

酒糟松露

白崎裕子的貼心小禮

酒糟Q彈的口感跟芬芳的酒香，
最適合用來製作松露。

酒糟選擇較軟的板糟（白酒糟），製作較容易。酒糟較硬時可以將分量減少一些，補上等量的豆漿。給小孩享用時，可延長酒糟加熱時間讓酒精蒸發，並提高豆漿分量。要是喜歡酒的香氣，則可以縮短加熱時間來保留酒味。水分過度蒸發，會在最後的步驟出現分離的現象，要多加注意。

20分

0分

1. 把 A 放到鍋內泡軟。
2. 把 1. 攪拌均勻，變成柔滑的質感之後，一邊用木鏟攪拌一邊用小火加熱，麥芽糖融化出現柔滑的感覺之後 a 把 B 加入，一邊攪拌一邊用小火煮大約2分鐘（需要調整），直到變硬為止 b 。
3. 熄火，將 C 的材料以可可粉、起酥油的順序加入，用攪拌器攪拌均勻使其乳化。整體變光滑後即可(冷掉後會分離，動作要快） c。
4. 放到冰箱冷藏凝固，揉成喜歡大小後篩上可可粉。

在 3. 的步驟之中用電動攪拌器攪拌到柔滑，完成後更加美味。

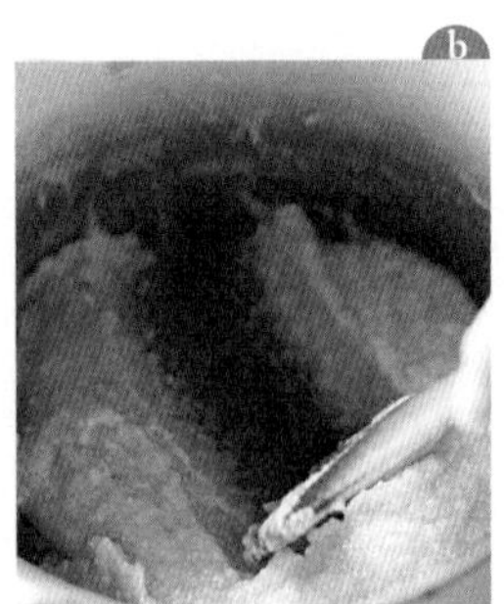

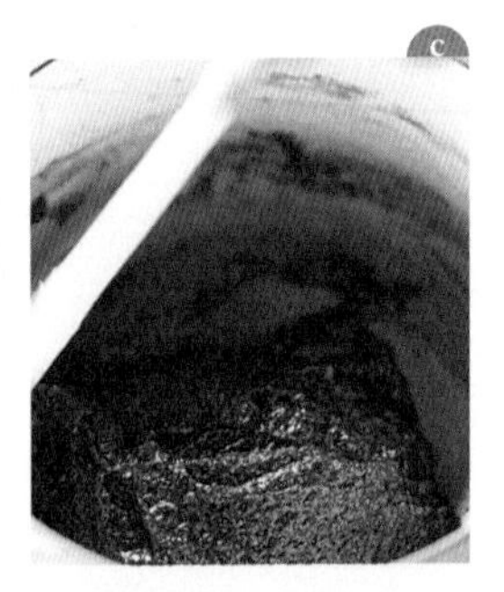

（二十至二十五個的分量）

A
- 酒糟…120公克
- 豆漿…40～50公克（依照酒糟的硬度調整）
- 麥芽糖（米糖）…30公克

B
- 杏仁粉…50公克
- 甜菜糖（或楓糖）…40公克
- 鹽…少量

C
- 可可粉…15公克
- 有機起酥油…50公克（或30公克的油菜籽油）

Q

為什麼凝固後油變成一層層白色的樣子？

A

在 2. 的步驟中，要趁熱讓起酥油乳化（參閱第二十頁）。分離的話就會形成白色的層次。

材料的介紹

美味的甜點，從美味的材料開始。

• 甜味劑

食譜所記載的甜菜糖，全都可以用楓糖取代。蜂蜜也是一樣，可用龍舌蘭糖漿代替。

甜菜糖的價格便宜，且容易買到，是風味純樸的甜味劑。龍舌蘭糖漿雖然比較不容易買到，卻是純天然的甜味劑，甜度雖然是砂糖一點三倍，但擁有最低的GI指數（升糖指數，進入體內時血糖指數上升的指標），同時也比較不容易造成蛀牙。楓糖漿的風味獨特，建議在製作甜點或麵包時使用。麥芽糖則是在想要得到風味或濃郁口感、增添光澤時使用。

• 油菜籽油

請選擇使用非基因改造原料，製作過程沒有經過藥物處理的。在此推薦初次壓榨且經過水洗＊的油菜籽油。只使用初次壓榨的原油，精製過程中沒有多餘製程，利用油水分離的特徵，用熱水將不純物去除。各種植物油之中，油菜籽油擁有厚實的風味跟奶油般的感觸，最適合用來製作甜點。沒經過水洗的製品風味太強，請不要使用。

＊水洗（湯洗い）：冷水2次、熱水1次，將油中雜質清洗乾淨的作業程序

• 低筋麵粉

低筋麵粉，分成低筋麵粉與全麥低筋麵粉（全麥麵粉）。全麥低筋麵粉，指的是連同小麥外皮跟胚芽一起磨成的麵粉，具有豐富的維他命、礦物質、植物纖維，用在甜點之中可以增加小麥的芳香，得到更為多元的風味（容易跟全麥高筋麵粉搞混，請多加注意）。不論是低筋麵粉還是全麥麵粉，都特別推薦有機產品，這些可以在自然飲食的商店之中買到。

• 豆漿

請選擇喝起來順口，且風味不會太過強烈的豆漿。清爽又順口的類型，比黃豆風味較為濃厚的類型，更適合用來製作甜點。加上植物性脂肪或糖來調配風味的豆漿並不合適，請記得選擇用沒有經過調配的。最近在超市也開始可以買到有機豆漿。有機且沒有經過調配的豆漿最值得推薦，買不到時，可以選擇使用非基因改造之大豆的豆漿。

• 其他

有關於葛粉，請選擇本葛（葛根）100%，不包含番薯類澱粉等其他澱粉類的葛粉。有固態跟粉狀等兩種類型，粉狀比較適合用來製作甜點。另外還必須選擇沒有經過化學處理、以傳統方式製造的類型。太白粉的情況就算是有機產品，也比較容易以低廉的價格買到。不論是葛粉還是太白粉，只要混入少數的麵粉就可以得到酥脆的口感，請選擇自己容易取得的一方來使用。

香草萃取物跟蘭姆酒等香料，是輕鬆製作甜點時所不可缺少的重要道具。去除豆漿的異味、賦予西式甜點的氣氛等等，扮演著相當關鍵性的角色。就算是在有機商店之中，也能找到香草萃取物、檸檬萃取物、橘子萃取物等種類豐富的產品。至於蘭姆酒，只要準備一瓶就會非常方便。除了容易買到高品質的商品之外，還可以跟各種萃取物一併使用來提高經濟效益，烤出香濃美味的作品。

發粉請選擇不含鋁的類型，自然飲食的商店可以找到有機發粉。這些發粉在開封之後必須確實密封保存，可以的話請盡快使用完畢。

製作甜點時，必備的七樣道具

本書食譜並不需使用電動攪拌器或食物調理機，只要準備最低限度的道具即可。同時也能減少清洗作業的功夫。攪拌器、攪拌碗、塑膠鏟是使用頻率極高的道具，準備好大小兩種尺寸將非常方便。

建議常備的材料

白崎裕子老師推薦給大家使用的材料。
（請各位盡情使用慣用的品牌，但請注意健康！）

太白粉、葛粉

地粉

全麥麵粉

低筋麵粉

龍舌蘭糖漿

豆漿

發粉

有機起酥油

楓糖漿

甜菜糖、楓糖

油菜籽油

杏仁粉

椰子粉

可可粉

黃豆粉

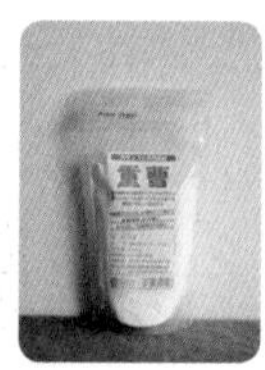
小蘇打粉

酒糟

麥芽糖
（米糖）

冷凍草莓

蘭姆酒

香草萃取物
檸檬萃取物

檸檬汁

玉米粉

麥片

杏仁片

白崎裕子Q&A

除了各道甜點所介紹的Q&A，在此將白崎裕子常被問到的幾個問題整理出來。

Q

甜度跟油的分量可以調整嗎？

A

甜菜糖這些粉狀的甜味劑，可以按照喜好來增減。若要減少楓糖漿或油菜籽油的分量，請補上等量的豆漿。

Q

實際作出的餅乾不酥脆。

A

烤好的餅乾要是太過溼潤，請再次放到150度烤箱中進行乾燥烘焙，直到出現酥脆的口感為止。下次可將溫度調高一點。另外則是可以將液態的材料冷藏，這樣比較不容易出現麩質。

Q

豆腐跟油菜籽油的乳化失敗了。

A

請將麵團一部分的粉加入，再次使其乳化（參閱第二十頁）。若是將油一次全部加到豆腐中，或是豆腐跟油有溫差存在，則比較容易分離，要多加注意。

Q

食譜中的豆腐可以換成木棉豆腐嗎？

A

木棉豆腐（板豆腐）容易跟油分離，請盡量使用絹豆腐製作。使用木棉豆腐的時候，建議先用食物調理機來處理成泥狀，進行起來會比較順利。

Q

請問如果自己改變食譜用量有什麼訣竅嗎？

A

粉狀的材料要跟粉混合，液狀的材料要跟液體混合，堅果類則是最後加入，以免受到溼氣影響。

後語

我認為「甜點」並非為了健康跟營養而存在，而是為了將喜悅帶給人們。理所當然地，健康非常重要，可以的話誰都不想變胖；廚餘也希望盡可能減少，更不願意讓遠方的某人因為自己而痛苦。但另一方面……吃的時候要是無法將喜悅帶給人們，那「甜點」的主要目的就失去了。

我在製作甜點的時候，總是會一邊思考這件事情，「怎樣才可以放到明天也不會乾巴巴？」「怎麼讓風味更加濃郁卻又不會太油？」「安全性呢？怎樣的甜點才算得上吃得安全？」有大家所熟悉且值得讓人回味的喜悅，又真的可以讓人吃得安心的甜點。這兩者最為理想的交叉點，我到現在仍舊在尋找著。

「想吃好吃的甜點，今天馬上回家吧！」

讀了這本書的人要是能夠浮現這樣的念頭，那將是我最大的喜悅。

十一年前，只要是我說出「完成了！」的甜點，不論是什麼都照單全收的自然食品商店「輪屋」，是我料理進程的重要階段，在此與各位分享當時的一些照片。

六年前把我從埼玉叫到逗子進行試作，次數有如繁星一般的「陰陽洞」的宇野先生。當時所有一切，現在都讓我無比受用。

攝影師的寺澤先生、設計師的山本先生，對於兩位的感謝，不是這寥寥數行就能表達。我們所希望的，全都在他們手中像魔法般的實現。風格設計師的高木先生，很高興有機會能夠認識您。編輯的中村先生，托您的福讓我實現長久以來的夢想。謝謝大家。

梟城的各位，就如同往常一般，感謝你們的支持。讓我們朝下一個山頂出發！

2012年8月　白崎裕子

白崎茶会
OPEN

生活饞 006
幸福手感　20分鐘完成的健康甜點

作　　者——白崎裕子
譯　　者——黃正由、高詹燦
責任編輯——楊佩穎
美術設計——果實文化設計工作室
責任企劃——張燕宜
董 事 長
發 行 人——孫思照
總 經 理——趙政岷
執行副總編輯——丘美珍
出 版 者——時報文化出版企業股份有限公司
10803台北市和平西路三段240號三樓
發行專線——（02）2306-6842
讀者服務專線——0800-231-705、（02）2304-7103
讀者服務傳真——（02）2304-6858
郵撥——1934-4724時報文化出版公司
信箱——台北郵政79～99信箱
時報悅讀網——www.readingtimes.com.tw
電子郵件信箱——ctliving@readingtimes.com.tw
第一編輯部臉書——https://www.facebook.com/readingtimes.fans
時報出版生活線臉書——http://www.facebook.com/ctgraphics
法律顧問——理律法律事務所 陳長文律師、李念祖律師

印　　刷——華展印刷有限公司
初版一刷——2013年12月20日
定　　價——新台幣250元

行政院新聞局局版北市業字第八〇號

國家圖書館出版品預行編目(CIP)資料

幸福手感　20分鐘完成的健康甜點 / 白崎裕子著
; 黃正由, 高詹燦譯. -- 初版. -- 臺北市 : 時報文化,
2013.12
　面；　公分. -- (生活饞 ; 6)
ISBN 978-957-13-5838-3(平裝)

1.點心食譜
427.16　　　102019591

KANTAN OKASHI
Copyright©2012 by Hiroko SHIRASAKI
Photos by Taro TERASAWA
Design by Megumi YAMAMOTO（EL OSO LOGOS）
First published in 2012 in Japan By WAVE PUBLISHERS CO., LTD.
Traditional Chinese translation rights arranged with WAVE PUBLISHERS CO., LTD.
through Japan Foreign-Rights Centre / Bardon-Chinese Media Agency